世图心理

博客：http://blog.sina.com.cn/bjwpcpsy
微博：http://weibo.com/wpcpsy

（Ronald Fairbairn）
[英]罗纳德·费尔贝恩 著
徐萍萍 王礼军 译

费尔贝恩客体关系文集

人格的精神分析研究

郭本禹 审校

Psychoanalytic Studies of the Personality

中国出版集团有限公司
世界图书出版公司
北京 广州 上海 西安

图书在版编目（CIP）数据

费尔贝恩客体关系文集：人格的精神分析研究 / (英) 罗纳德·费尔贝恩 (Ronald Fairbairn) 著；徐萍萍，王礼军译. -- 北京：世界图书出版有限公司北京分公司, 2024. 11. -- ISBN 978-7-5232-1765-8

Ⅰ. B841-53

中国国家版本馆CIP数据核字第2024AL1551号

书　　名	费尔贝恩客体关系文集：人格的精神分析研究
	FEI'ERBEI'EN KETI GUANXI WENJI
著　　者	［英］罗纳德·费尔贝恩（Ronald Fairbairn）
译　　者	徐萍萍　王礼军
审　　校	郭本禹
责任编辑	詹燕徽
装帧设计	黑白熊
出版发行	世界图书出版有限公司北京分公司
地　　址	北京市东城区朝内大街137号
邮　　编	100010
电　　话	010-64038355（发行）　64033507（总编室）
网　　址	http://www.wpcbj.com.cn
邮　　箱	wpcbjst@vip.163.com
销　　售	新华书店
印　　刷	三河市国英印务有限公司
开　　本	787mm×1092mm　1/16
印　　张	16
字　　数	213千字
版　　次	2024年11月第1版
印　　次	2024年11月第1次印刷
国际书号	ISBN 978-7-5232-1765-8
定　　价	68.00元

版权所有　翻印必究
（如发现印装质量问题，请与本公司联系调换）

本文集收录了费尔贝恩在长达二十年的时间里随着精神分析视野的逐渐深化而撰写的文章。其中多数文章曾在医学、心理学和专门的精神分析期刊上发表过，还有少数文章转自口头报告。在本文集中，费尔贝恩对自己早期的理论成果做出了必要的修正。

译者序

《费尔贝恩客体关系文集：人格的精神分析研究》（在美国再版时名为《人格的客体关系理论》）是英国精神分析学家威廉·罗纳德·多德斯·费尔贝恩（William Ronald Dodds Fairbairn, 1889—1964）生前出版的唯一一部著作，收集了他在20世纪30~50年代撰写的学术性论文，这些论文构成了他的人格客体关系理论的主干。在纷繁复杂的精神分析学术体系中，费尔贝恩站在英国客体关系学派的阵营中，与克莱茵、温尼科特、巴林特、鲍尔比等人一起被列入了该派别的代表人物名单。他也是20世纪三四十年代那场轰轰烈烈的客体关系革命的重要发起者和参与者。费尔贝恩的精神分析理论极具独创性和革命性，用萨瑟兰的话来说，他"首次以系统的方式提出了以社会关系中的经验——而不仅是内部本能紧张的释放——为基础的人格精神分析理论"，完成了精神分析由传统的本能驱力模式向现代的客体关系模式转变的"哥白尼式的革命"，而他所创立的理论也是所有客体关系理论中最纯净和最激进的。

如今，费尔贝恩的名字对我国的心理学研究者来说已不那么陌生和遥远了，然而，20年前，当我开始研究精神分析理论时，国内鲜有关于他的介绍。能有缘"结识"这样一位独具魅力的精神分析学家，并将其理论作为我学术生涯中的第一个研究课题，要归功于郭本禹老师的悉心指导。他秉承了高觉敷先生的遗志，多年来矢志不渝地研究精神分析的理论和实践，且组建了一支研究团队，对弗洛伊德之后的精神分析学家以及他们的理论进行了系统的梳理和深入的研究。我很荣幸作为他的弟子加入了这个团队，且因此成为国内最早系统地研究费尔贝恩思想的学者之一。我至今仍会时常回忆起多年前在南京师范大学随园校区田南楼那间简陋的会议室里，与郭老师和诸同门一起研读精神分析经典著述的场景。那时的我们眼中闪烁着对精神分析那片神秘领域的好奇，心中澎湃着对它高昂的探索热情。

在费尔贝恩去世五十周年时，郭老师提出了将这部著作翻译出版的计划，并在繁忙的工作之余指导我开始进行翻译。虽然在此之前我曾接受过心理学翻译训练，对这部著作也做过精细研读，然而接受翻译任务之后还是感受了前所未有的挑战。这主要是因为费尔贝恩出生于苏格兰，早年系统地接受过神学和哲学的训练，他的文风晦涩冗长，要做到信、雅、达地向中文读者传递他的原意并非一件易事。由于精力有限，我援请了几位优秀的研究生来协助我翻译初稿——黄小双参与了本书第4、5章论文的翻译工作，张雪萌参与了本书第6、7、8章论文的翻译工作，张齐参与了第9~12章论文的翻译工作。他们认真勤勉的态度和扎实的文字功底助力了翻译工作的顺利开展。随后，郭老师对初译稿进行了审阅。然而遗憾的是，后来的种种原因导致出版计划暂时搁置。直到去年在世界图书出版有限公司北京分公司编辑老师们的鼎力支持之下，本书的出版计划才得以重启。安徽师范大学心理学系系主任王礼军教授承担了本译著所有的后期校对和修订工作，他以严谨的治学态度和深厚的专业功底确保了最终译本的准确性和易读性。

本书能够付梓面世，了却了我们十年前的夙愿，今年又适逢费尔贝恩逝世六十周年，这一个甲子的轮回怎能不说是冥冥中早有安排的机缘？当然，一切机缘都离不开人们的努力，为此要特别感谢所有为本书的出版付出辛勤劳动的老师和朋友们！

徐萍萍
2024年9月于南京信息工程大学

目 录

上篇　人格客体关系理论

1　人格中的精神分裂因素（1940）　　003
2　一种修正的精神病和精神神经症的精神病理学（1941）　　027
3　坏客体的压抑与重现（1943）　　056
4　客体关系视角下的心理结构（1944）　　078
5　客体关系和动力结构（1946）　　127
6　人格客体关系理论的发展步骤（1949）　　140
7　关于人格结构观点的发展简述（1951）　　149

下篇　其他论文

8　对一位生殖器官能异常患者的特征分析（1931）　　169
9　国王之死对分析中的患者的影响（1936）　　193
10　心理学：必修学科与被禁学科（1939）　　200
11　战争神经症的本质与意义（1943）　　207
12　性犯罪者的治疗和康复（1946）　　237

参考文献　　244

上篇

人格客体关系理论

1 人格中的精神分裂因素（1940）

近来，精神分裂性的心理过程逐渐引起了我的关注。如今，在我看来那些充分表明这些过程标记出人格中可识别的精神分裂局面的案例提供了整个精神病理学领域中最有趣和丰富的素材。在支持这一论点的各种理由中，有几点特别值得一提：

（1）精神分裂状态被视为所有精神病理状态中最顽固的那种，它们为研究人格的基础乃至最基本的心理过程提供了绝佳的机会；

（2）对精神分裂病例的治疗分析为研究单一个体身上最广泛的精神病理性过程提供了机会，因为在这些病例中，个体通常只有在用尽了所有可用的捍卫人格的方法之后，才会让其最终的状态被触及；

（3）有悖于通常的理解，相较于任何其他类型的人（正常的或异常的），那些没有太过退行的精神分裂个体具有更强的心理洞察能力——这一事实至少部分是由于他们如此内向（关注内部现实）和熟悉自己更深层的心理过程（这些过程虽然在那些通常被归类为纯粹"神经症"的个体身上并不少见，却被最顽固的防御和顽强的抵抗排除在这些个体的意识之外）；

（4）另一个与普遍看法相反的观点是，精神分裂个体可以展示出自身非凡的移情能力，并意想不到地表现出适于治疗的可能性。

明显的精神分裂状态分为以下四种：

（1）严格意义上的精神分裂症；

（2）一种精神分裂类型的病态人格——这一群体可能包括了大多数的病态人格病例；

（3）分裂型人格——这是一个很大的群体，其中包含那些人格中明确体现出精神分裂特征但又不能被看作病态的个体；

（4）精神分裂状态或短暂性精神分裂发作——在我看来，相当大比例的青春期"神经衰弱"都属于这一类。

然而，除了这些明显的精神分裂状态之外，在那些表现出基本神经症症状（如癔症、恐惧症、强迫症或单纯的焦虑）的患者身上，我们通常也能看到基本的精神分裂特征。当然，在分析治疗过程中，当用于保护人格的精神神经症防御减弱时，这些特征就非常容易暴露出来。但随着对潜在的精神分裂背景的日益熟悉，分析师就越有可能在初次会谈时察觉到精神分裂特征的存在。就这一点而言，有趣的是马瑟曼和卡迈克尔研究的32名精神分裂症患者的既往病史中癔症和强迫症状的发生概率（《心理科学杂志》，第80卷）。研究者发现"在32名患者中至少有15人在发展成更鲜明的精神分裂之前有过明确的癔症症状史"；而至于强迫观念和强迫行为的发生概率，他们评注说："这些在精神分裂症患者中也是出现得最频繁的。"他们发现，在32名患者中，有18人身上存在着强迫观念，20人身上存在着强迫行为。在我本人观察过的一系列军人病例中，那些最终被确诊为"精神分裂症"或"分裂型人格"的患者中，有50%的人在提交研究时被初诊为"焦虑神经症"或"癔症"。这些数字暗示性地表明典型的精神分裂症患者为捍卫他自己的人格而采用了多少精神神经症的防御，但没有任何迹象表明这些防御能够掩盖潜在的精神分裂倾向。

当我们从表现出明显的神经官能症症状的病例中认识到精神分裂基本特征的普遍性，那么在分析治疗过程中，就有可能在许多因某些困难而寻求分析帮助的个体身上察觉到类似特征的存在，而这些个体很难被贴上任何明确的精神病理学标签。这一群体包括许多因如下障碍而求助于分析师的人，如社会抑制、无法专心工作、性格问题、反常的性倾向以及阳痿、强迫性手淫等性心理障碍。该群体还包括大多数主诉某一单独症状的患者（如担心精神错乱或暴露焦虑等），或者那些渴望接受分析治疗但理由明显不充分的人（如"因为我觉得它会对我有好处"，或"因为它会很有趣"）。它同样还包括所有那些带着神秘或困惑的神情走进咨询室的人，以及那些引用弗洛伊德的话语或以"我不知道我为什么来了"这样的话开始会谈的人。

根据对现已提到的各类情况的病例的分析研究，不仅可以把完全的人格解体或现实感丧失此类现象视为本质上是精神分裂的，还可以把那些相对小或短暂的现实感紊乱现象视为本质上是精神分裂的，如"虚假"的感受（不管是涉及自己的还是涉及环境的）、"感觉像块玻璃"的体验、对熟悉的人或环境的陌生感，或对陌生者的熟悉感。类似于对陌生事物的熟悉感的是一种"似曾相识"的体验——这种有趣的现象同样必须被视为与精神分裂过程有关。我们对梦游症、神游症、双重人格和多重人格等解离现象也必须采取类似的观点。至于双重和多重人格表现，我们从珍妮特、威廉·詹姆斯和莫顿·普林斯对众多病例的谨慎研究中，可以推断出它们本质上的精神分裂性质。这里，我们可以提一下，珍妮特所描述的许多病例都表现出了分离现象，而在此基础上提出的经典概念"癔症"，其表现像精神分裂症——对此，我做出解释，用以支持我根据自己的观察已经得出的结论，即癔症人格总是或多或少地包含着精神分裂因素，不管它隐藏得有多深。

当我们以上述方式通过扩大对精神分裂现象的构想来扩展"精神分裂"一词的内涵时，这一术语的外延必然也得到相应的扩展；这导致精神分裂人群被认为是一个非常广泛的群体。例如，人们发现，每个社区中狂热者、煽动者、罪犯和其他破坏分子的占比都很高。通常不太明显的精神分裂特征还普遍存在于知识分子中。因此，高雅人士对资产阶级的鄙视和神秘的艺术家对于市侩的嘲讽，都可以看作是精神分裂的轻微表现。更进一步说，对于文学、艺术、科学或者其他知识的追求，似乎对具有不同程度的精神分裂特征的个体产生了特殊的吸引力。就科学追求而言，这种吸引力似乎取决于精神分裂个体的超然态度，而不仅仅在于其对思维过程的高估。因为在科学领域中，这是两个容易被资本化的特征。当然，人们早就认识到，科学的强迫性吸引力来源于一种对有序排列和精确性的强迫性需要；而精神分裂的吸引力与之相似，至少需要得到同等的认可。这种说法可能会有风险：如果一些杰出的历史人物接受分析解释的话，他们要么是分裂型人格，要么具有精神分裂人格；仿佛通常正是这样的人会青史留名。

对于目前设想的明显属于精神分裂类别的一群个体来说，他们普遍共有的特征中有三点极为突出，值得特别提及：（1）全能的态度；（2）孤独和冷漠的态度；（3）对内部现实的全神贯注。但重要的是，要记住这些特征并不一定是公开的。因此，全能的态度可以是有意识的或无意识的，还有可能局限在一定的操作范围内。它可能被过度补偿，被掩盖在一种表面的自卑或谦逊态度之下；也可能被有意识地当作秘密来珍藏。同样，孤独和冷漠的态度也可能掩盖在善于交际的假象或特定的角色之下；在某种情况下，它可能附带了相当大的情绪。至于全神贯注于内部现实，这无疑是所有精神分裂特征中最重要的；且无论内部现实是被外部现实所取代，还是被外部现实所认同，抑或被外部现实所叠加，它都同样存在。

我们会注意到，从先前考虑中出现的"精神分裂"概念非常紧密地对应于荣格提出的"内倾"类型的概念，特别是在其外延方面。重要的是，在他早期的一部著作（《分析心理学文集》）中，荣格表达了一个观点，即精神分裂症仅发生在内倾类型者身上。这说明他认识到了内倾与精神分裂发展之间的关系。荣格的"内倾"概念与现在设想的"精神分裂"概念之间的对应关系并非毫无意义，因为它证实了所描述群体的真实存在，尤其是因为这两个概念是通过完全独立的路径被提出来的。当然，承认这种对应关系并不意味着我在任何程度上接受荣格的基本心理类型理论。事实上恰恰相反，我的精神分裂群体的概念是基于严格的精神病理学因素的思考，而非基于气质类型的考虑。与此同时，似乎对某些人来说，为了要描述所考虑的群体，"内倾"这个词要比"精神分裂"更可取，因为后者由于最初的使用而可能引起一些邪恶的联想。但"精神分裂"这个术语不同于"内倾"，它有着不可估量的优势，不仅是描述性的，且在心理发生学意义上是可解释的。

我现在必须准备接受的批评就是，按照我的思维方式，每个人无一例外都必须被看作是精神分裂的。实际上，我很愿意接受这种批评，但要附加一个非常重要的条件——如果没有它，我的"精神分裂"概念就会变成泛泛而谈以至于毫无意义。赋予这一概念意义的限定条件是，任何事物都取决于被考察的心理水平。自我分裂就是一个最基本的精神分裂现象。只有大胆的人才会宣称他的自我是那么完美地整合在一起，而不会在最深的层面上显露出任何分裂的迹象；或者宣称这种自我的分裂迹象绝不会在较浅的层面上显现出来，即使在遭遇极端痛苦、困苦或匮乏的时候（例如，在重大疾病或北极探险中，身处太平洋中部的敞篷船上，遭到残忍的迫害，或长期处在现代战争的恐怖之中）也是如此。这里，最重要的因素是精神深度，在自我分裂的证据显现出来之前，它需要得到探究。在我看来，无论如何，某种程度的自我分裂总是存在于最深的精神层面——或者（借用梅兰妮·克莱茵的说法来表述同样的观点）"心灵中最基本的心位总是精神分裂样心位"。

当然，这不适用于理论上具有完美人格的病例，那些人的发展是最优化的；但是没有人实际上能享有这一福分。的确，我们很难想象有人能在更高水平上拥有如此统一和稳定的自我，以至于他在任何情况下都不会把基本的分裂迹象以可识别的形式表露出来。可能存在极少数的"正常"人，他们在一生的任何一个面临某些严重危机的时刻，都未体验过反常的平静和超然的状态，或者在某些尴尬或一团糟的情况下也从未有过"旁观自己"的短暂感觉；多数人可能都曾有过一些把过去与现在或者幻想与现实混淆的奇怪经验，即所谓"似曾相识"的感觉。我敢说，这些现象本质上也是精神分裂现象。然而，还有一种普遍现象十分确凿地证明，任何人在最深的层面上——在梦里——都是精神分裂的。正如弗洛伊德的研究表明的那样，梦者自身在梦里通常由两个或多个独立的形象所代表。

在此我可以说，我现在采取的观点大致是出现在梦里的形象要么代表（1）梦者人格的某一部分，要么代表（2）内部现实中与梦者人格的某一部分有关联（通常是基于认同）的客体。尽管如此，关于梦者在梦中被多个形象所代表这一事实，我们只能解释为在梦的意识水平上，梦者的自我是分裂的。由此，梦代表了一种普遍的精神分裂现象。弗洛伊德所描述的"超我"这一普遍现象，也必须被理解为暗示了自我中存在着分裂。因为，只要"超我"被视为一种能够与"自我"区分开来的自我结构，那么它的存在本身就证明了分裂样心位已经建立。

"精神分裂"一词的意义来源于自我的分裂，只有从心理发生学的角度来看，自我的分裂才能被视为一个启发性的概念。因此，我们有必要简单考虑一下自我发展所涉及的内容。关于自我的功能，弗洛伊德最强调的是它的适应功能——将最初的本能活动与外部现实的普遍状况，特别是社会条件，联系起来的功能。然而，必须记住的是，自我也行使了整合功能，其中最重要的是：（1）现实感知的整合，（2）行为的整合。自我的另一个重要功能就是区分外部现实与内部现实。自我的分裂会影响所有这些功能的逐步发展，当然，程度和比例是不同的。相应地，我们必须认识到发展所导致的各种程度的自我整合的可能性。我们可以设想这样一个整合的理论尺度——一端代表完全整合，另一端代表无法完全整合。在这样的尺度上，精神分裂症会在靠近下端的地方找到一个位置，分裂型人格位于稍高的位置上，精神分裂性格则位于再高一些的位置上，等等；最高处的位置代表完美整合和没有分裂，这必须被视为一种存在于理论上的可能性。记住这一尺度，应该能够帮助我们理解个体在非常极端的条件下会如何展现出某些精神分裂特征，以及为何某些个体仅在青春期、结婚或战时参军等重新调整的情境中才会表现出自我分裂的迹象，而另一些人即使在最平常的生活环境中也可能表现出这种迹象。当然，在实践中，这样一个尺度的建构会涉及无法克服的困难，原因之一是，相当多的精神分裂表现——正如弗洛伊德指出的那样——实际上是对自我分裂的防御。但是，如果我们设想一个这样的尺度，就能更好地理解自我的分裂是基本的心位。

按照布洛伊勒经典的"精神分裂症"的概念，我们必须将自我的分裂看作最典型的精神分裂现象。精神分析学家总是更多地关注（实际上是将注意力限制在）精神分裂所涉及的力比多取向。在亚伯拉罕的力比多发展的心理发生学理论的影响下，精神分裂的临床表现被认为起源于口唇前期的固着。大概在生命的第一阶段，因变迁对未发展和无经验的婴儿产生影响，自我的分裂就开始发生了。因此，在自我分裂与口唇吞并的力比多态度之间必定存在紧密的关联。在我看来，相比于迄今其所得到的关注，自我分裂所涉及的问题值得引起更多的关注；从前面已经讲过的内容中，大家可以看出我对这些问题的重视程度。但是，接下来我提议考虑一下关于发展的某些方面，它们似乎依赖于口唇前期固着，或强烈地被其所影响，并因此在确定精神分裂态度的模式中发挥了重要的作用。

婴儿的自我首先可以被描述为"口腔自我"。尽管这一事实对每一个个体的后续发展都产生了深远影响，但这种影响在那些随后表现出精神分裂特点的病例身上尤其明显。对婴儿来说，口腔是欲望的主要器官、活动的主要工具、得到满足和遭受挫折的主要媒介、表达爱和恨的主要渠道；最重要的是，它还是亲密社会接触的首要手段。个体建立的第一种社会关系是他与母亲的关系，这一关系的焦点是哺乳情境，其中母亲的乳房为他提供了力比多客体的中心，而他的口腔提供了自身力比多态度的中心。如此建立起来的关系对个体后来的关系以及一般社会态度产生了深远影响。如果在早期口唇情境中出现了力比多固着的情况，那么与早期口唇阶段相适应的力比多态度就会以一种夸张的形式持续存在，并对个体产生深远的影响。或许，我们最好能根据前口唇态度本身具有的重要特征来思考这些影响的性质。这些特征可以总结如下：

（1）尽管所涉及的情感关系本质上是孩子与其母亲（作为一个人）之间的关系，而他必须认识到他的力比多客体实际上是作为整体的母亲，但他的力比多兴趣本质上集中于母亲的乳房上。结果就是，在这种关系中出现的困扰越多，乳房本身就越容易充当力比多客体的角色；也就是说，力比多客体倾向于采取身体器官或部分客体的形式（与人或整体客体形成对比）。

（2）本质上，力比多态度是"索取"方面超过"给予"方面。

（3）力比多态度不仅具有索取的特征，还具有吞并和内化的特征。

（4）力比多情境赋予充实和空无状态以巨大的意义。因此，当儿童饥饿时，他可能会感到空无；当他被喂得满足时，就会感到充实。母亲的乳房——从婴儿的角度来看——在哺乳前是正常且充实的，而在哺乳后是空无的。儿童必须能够根据其自身的充实与空无的感受来评价母亲的状况。在匮乏情境下，对儿童来说，空无逐渐呈现出十分特殊的意义。他感觉到空无，并将这种情况解释为他吸空了其母亲——特别是因为匮乏不仅会增强其口唇需求，还赋予这种需求一种攻击性。匮乏还有一个额外的作用，即扩大了儿童的吞并需求的范围，以至于这一需求不仅逐渐包括乳房的内容，还包括乳房自身，乃至他的作为整体的母亲。由此，他对吸空乳房感到的焦虑引发了对毁灭他的力比多客体的焦虑；而母亲通常会在哺乳后离开他，这一事实必定会助长这种印象的产生。因此，他由此得到的力比多态度的含义就是，它牵涉到其力比多客体的消失和毁灭——在下一个阶段，当他得知吃掉的食物会从外部世界消失，以及他不能同时既吃掉又保有他的蛋糕时，这一含义往往就得到了证实。

发生在这一时期的固着越多，这些表现出口唇前期特征的力比多态度的各种特征就会变得越强烈和持久，它们全都是决定精神分裂的性格和症状的因素。下面，我们将对这些因素会引起的相应发展做出思考。

朝向部分客体（身体器官）的倾向

让我们先来思考这一因素①在早期口唇态度中的影响。它的效果是助长了精神分裂倾向，使个体将他人视为不如那些拥有其自身内在价值的人。这种倾向可用一个精神分裂型的高智商病例加以说明，他因为感到不能与妻子进行真正的情感交流而来找我做咨询。他对妻子过分挑剔，且在表达情感更适合的场合中对妻子很阴郁。在描述了他对妻子极端自私的态度后，他补充说，他的习惯总体上是不爱交际，他或多或少地将他人视为低等动物。从这句话中，我们不难发现其问题的一个根源。可以回想一下，在梦中动物通常是身体器官的象征；这仅证实他对妻子及他人的态度都是指向部分客体的，而非指向一个人。在一个坦率的精神分裂症患者身上也显示出相似的态度，他描述自己对所遇到的人的态度就像是一个处于野蛮人部落中的人类学家一样。一个曾经有过分裂型人格史的士兵也展示出类似的态度，他在战时服役期间陷入了急性精神分裂状态。他母亲在其年幼时去世，他能记起的就只有父亲。一完成学业，他就离开了家，从此再没有跟父亲联系过。实际上，他不知道父亲是生是死。多年来，他过着居无定所的生活，但最终，他确信定居下来并结婚会对他有好处，于是他就这么做了。当我问他结婚是否幸福时，他的脸上露出了惊讶的表情，继而是非常轻蔑的微笑。"那就是我结婚的原因。"他高声回答道，仿佛这就提供了充分的答案。当然，这个回答在说明具有精神分裂型人格者不能充分区分内部现实和外部现实的同时，有助于说明具有精神分裂人格特征的人把力比多客体作为满足其自身需要的手段，而非拥有内在价值的人。

---

① 指代标题中的"朝向部分客体的倾向"。——译者注

这种倾向源于早期的口唇取向将乳房作为部分客体。

可以说，在表现出精神分裂特征的个体身上发现的对部分客体的倾向，很大程度上是一种退行现象，它是由早期口唇阶段之后的童年期与父母之间的情感关系（尤其是不满意的情感关系）所决定的。这种倾向就源于这一时期。不能通过自发和真实的情感表达让她的孩子相信她确实把他当作一个人来爱的这类母亲，特别容易引起这种退行。占有欲强的母亲与冷淡的母亲均属此类。最糟糕的可能是那种给人以占有欲强且冷淡印象的母亲——例如，决定不惜一切代价绝不溺爱其独子的专注的母亲。母亲没有使孩子相信她把他当作一个人来真正爱他，这使得他很难基于个人基础维持与她之间的情感关系。其结果就是，他为了简化这种情境，往往退行性地恢复至更早的、更简单的关系形式，接受与作为部分客体的母亲的乳房之间的关系。这种退行可以用一个精神分裂症青年的病例来加以说明，他对自己的亲生母亲表现出强烈的敌意，梦到自己躺在一个房间里的床上，房间的天花板上流出一股牛奶——在他家里，这个房间正好位于他母亲卧室的下方。这种类型的退行过程也许最好被描述为客体的去人格化（depersonalization of object），它通常与所渴望的关系的退行同时发生。在此再说一点，退行活动是为了简化关系，它用身体接触来代替情感接触。这也许可被描述为客体关系的去情感化（de-emotionalization of the object-relationship）。

倾向索取而非给予的力比多态度

与早期口唇态度中索取占主导地位相一致的是，有精神分裂倾向的个体在情感意义上的给予表现出相当大的困难。关于这一点，很有趣的是，如果口唇吞并倾向是所有倾向中最基本的，那么对有机体来说其次重要的就是排泄活动（排便和排尿）。排泄活动的生物学目的是从体内排除无用和有害的物质。尽管与其生物学目的一致，但儿童很快就学会了将排泄活动视为处理坏的力比多客体的典型手段——对他来说，它们最早的心理学意义似乎与创造性活动如出一辙。排泄活动代表着个体最初的创造性活动；它们的产物就是个体最早的创造物——他最先外化的内部内容，是他给予的属于自己的第一件东西。从这个意义上来说，排泄活动与口唇活动形成对比，后者实质上涉及一种索取态度。这两类力比多活动之间的对比必定不能用来妨碍它们在相反意义上的另一种对比的存在。对一个客体的口唇吞并态度意味着对该客体的评价，而对一个客体的排泄态度意味着对该客体的贬低和排斥。而在深层的心理水平上与这一直接目的相关的是，索取在情感上等于身体内容的累积，给予在情感上等于失去身体内容。进一步与之相关的是，在深层的心理水平上，心理内容与身体内容之间存在着情感上的等价性，以至于个体对后者的态度往往反映在他对前者的态度上。就有精神分裂倾向的个体而言，存在一种高估心理内容的倾向——这对应于儿童早期的口唇吞并态度所暗含的对身体内容的高估。例如，具有精神分裂倾向的个体在社会环境中会感到难以表达情感，这就体现了他对心理内容的高估。对这一个体来说，对他人表达情感所涉及的给予要素就具有失去内容的意义。正是出于这一原因，他常常觉得社会交往是令人疲惫的。因此，如果他长时间处在人群之中，就容易感到"自己失去了品格"，然后他需要一段时间安静地独处，以使得内部的情感宝库可以有机会得到补充。正因如此，我的一位患者觉得不能与他的未婚妻连续多日约会——当他与她见面太过频繁时，他就会觉得自己的人格耗竭了。在那些有精神分裂倾向的病例中，对情感损失的防御引起了情感压抑和一种超然的态度，这导致别人认为他们是冷漠的——在更极端的情况下甚至是不近人情的。这类人通常被描述为"封闭型人格"，而鉴于他们封闭其情感内容的程度不同，这种描述非常贴切。对情感损失的焦虑有时会以奇特的方式表现出来。就拿一个寻求分析的年轻人的病例来说，我在同他的第一次会谈中就察觉出一股隐约的神秘气氛，我将其视为潜在的精神分裂倾向的病态特征——通常，任何具体的症状都是无法描述的。这位患者是一位大学本科生，其客观问题在于考试屡次不通过。对他来说，口头测验是特别困难的。这种困难的突出特点就是，即便他知道问题的正确答案，通常也不能说出来。很明显，这涉及他与父亲的关系问题。但这种特殊的困难所表现的形式之所以具有重要意义，是因为对他来说，给出正确的答案代表给予考官某些曾经很难获得（内化）的东西，某些他不能放弃的东西——它们太珍贵了而不能失去。在试图克服与情感给予有关的困难时，具有精神分裂倾向的个体利用了各种技术，我们可以在这里提一下其中的两种：（1）角色扮演技术，（2）表现癖技术。

角色扮演技术

通过扮演角色或者假装成一个被接受的角色，精神分裂个体通常能够表达很多情感，并进行看似令人印象深刻的社会交往；但在这样做时，他实际上既没有付出任何东西，也没有失去任何东西，因为他只是在扮演角色，并没有将他自身的人格卷入其中。他私下里否认自己正在扮演的角色；由此，他试图保护自身人格的完整，使其免受损害。还要补充一点，在一些病例中，角色扮演是完全有意识的，而在另一些病例中，个体对他正在扮演角色这一事实则是完全无意识的，他只有在分析治疗过程中才会逐渐意识到这一点。关于有意识地扮演角色，我们可以用一个年轻的精神分裂症患者的病例来加以说明。他第一次来我的咨询室会谈时，反复说着弗洛伊德的一句话。他由此试图确立自己在我眼里一开始就是一个精神分析的热衷者；但我立即怀疑他只是在扮演角色，且这种怀疑在分析治疗一开始就被完全证实了。他扮演角色实际上是为了防御与我的真正情感接触，防御真正的情感给予。

表现癖技术

在精神分裂症患者的心理中，表现癖倾向也扮演重要角色；当然，它们与角色扮演的倾向紧密关联。它们可能在很大程度上是潜意识的，且通常被焦虑所掩盖。即便如此，在分析治疗过程中，它们也会非常清晰地显现出来。文学和艺术活动之所以对具有精神分裂倾向的个体有吸引力，部分是由于这些活动提供了一种表现癖的表达手段，而无须涉及直接的社会接触。采用表现癖作为防御手段的意义在于，它用"展示"（showing）代替"给予"（giving），从而代表了一种无须给予的给予技术。但是，这种试图解决"给予而又不失去"的难题的手段，并非不会带来任何困难，因为最初对给予行为的焦虑很容易就转变成了对展示行为的焦虑，以致"炫耀"也具有了"显现"性。当这种情况发生时，表现癖的情境就可能变得令人极其痛苦——完全"被看到"可能会引起敏锐的自我意识。在1940年的一天早晨，一名人格中具有精神分裂成分的未婚女性患者在报纸上读到一枚德国炸弹夜里落在我房子附近时的反应，可以说明"给予"和"展示"之间的联系。她从报纸中得知炸弹落在距离我家足够远的地方，足以确保我的安全，这一事实让她非常感激。然而，她的情感是如此矜持含蓄，以至于她不能让自己直接表达任何有关我的感受，尽管她想要表达。为了试图克服这种困难，她在下一次会谈时递给我一张纸条，她费了很大的努力才在上面写下关于她自己的一些信息。她的确给了我一些东西，但这些东西可以说只是反映在纸上的关于她自己的一些看法。实际上，这一事例显示了从展示态度朝向给予态度的发展，因为毕竟她的确以一种非直接的方式为我提供了心理内容。她赋予这些内容以极大的自恋价值，并发现割舍它们是要付出努力的。这一事例还显示了她从对自身心理内容的自恋性评估转向把我作为一个外部客体与人来评估的进步。从这一病例中分析并揭示出关于放弃身体内容的巨大冲突显得不足为奇。

力比多态度中的吞并因素

口唇前期态度的特征之一不仅是索取，还有吞并或内化。口唇前期态度的退行性恢复似乎最容易由一种情感挫折的情境所引发，在此情境中儿童逐渐感到：（1）他实际上没有被其母亲当作一个人来真正地爱；（2）他自身对母亲的爱没有真正被她所重视和接受。

这种严重创伤的情境会进一步引起具有如下特点的情境：（1）只要儿童发现母亲似乎不爱他，他就会把母亲视为一个坏客体；（2）儿童把向外表达自己的爱看作是坏的，因此他倾向于把爱保留在自身内部，以试图把他的爱尽可能地保持为好的；（3）儿童感到与外部客体的爱的关系通常是坏的，或至少是不稳定的。

最终结果就是儿童倾向于把他与客体的关系转移到内部现实的领域。在该领域中，受到口唇前期挫折情境的影响，他的母亲及其乳房已成为内化客体；而在接下来的挫折情境的影响下，客体的内化会进一步被当作一种防御手段。这一内化过程即便不是真的由口唇态度本身的特殊性质所激发的，也是受其推动的，因为口唇冲动的内在目的是吞并。当然，这种吞并一开始是身体吞并。但是我们必须相信，伴随着吞并努力的情绪本身就具有吞并色彩。因此，当口唇前期的固着发生时，吞并态度就不可避免地融入了自我结构之中。因此，就人格中具有精神分裂成分的个体而言，存在一种很明显的倾向，即完全从内部世界中衍生出外部世界的意义。在真正的精神分裂症患者中，这种倾向可能变得极为强烈，以至于内部现实与外部现实的区别在很大程度上是模糊的。然而，撇开这些极端的病例，具有精神分裂成分的个体还有一种普遍的倾向，就是在内部世界中搭建自身的价值。他们倾向于让客体属于内部而非外部世界，而且他们往往会强烈地把自身认同为其内部客体。这一事实极大地促成了他们所体验到的情感给予困难。就那些客体关系主要在于外部世界的个体而言，"给予"具有创造和提高价值及提升自尊的效果；但对那些客体关系主要在于内部世界的个体而言，"给予"具有贬低价值及降低自尊的作用。当这些个体给予时，他们往往感觉贫乏，因为他们是以牺牲内部世界作为代价来给予的。对于这种类型的女性而言，她们更有可能对分娩产生巨大的焦虑。因为对她们而言，分娩并不是意味着得到一个孩子，而是意味着失去内部的东西及随之而来的空虚。事实上，我曾有过一个这种类型的女患者，她因极度不愿放弃内容物而难产。当然，这个病例中的情况实际上是一种与身体内容物的分离，但在更深的心理层面的领域中，类似的现象可用一个艺术家的病例来加以说明。这位艺术家在完成一幅绘画之后，常常感到他并非创作或获得了某种东西，而是失去了他的价值。这一现象对解释某些艺术家在创作期之后出现一段贫乏和不满意的时期大有帮助。

  为减轻给予或创造之后的枯竭感，具有精神分裂成分的个体通常会采用一种有趣的防御。他的态度是，认为自己所给予和创造的东西都是毫无价值的。因此，我刚才说到的那位艺术家一旦完成了画作就会对之丧失兴趣。已完成的作品通常不是被他丢在画室的角落里，就是作为商品出售了。同样，具有相似心态的妇女有时在孩子出生后就会对其失去所有兴趣。具有精神分裂特质的个体也可能采取一种完全相反的形式来防御内容的失去；他为了保护自己不受失去感的影响，可能会试图将所创造出的东西当作仍然是其自身的一部分内容。因此，一旦孩子出生，这样的母亲非但不会对他漠不关心，反而仍会参照自身的内容来看待他，且因此高估他。这样的母亲通常会过度占有自己的孩子，而不能给予他们独立的个体身份——对不幸的孩子来说，这会造成痛苦的结果。类似地——尽管不会造成那么痛苦的后果——艺术家也可能不切实际地继续把画作当成自己的所有物（即使别人已经获得这些画作），以此来保护自己避免一种失去内容之感。在这一点上，我们可以再一次提及那种以"展示"代替"给予"的防御形式。当然，艺术家"展示"或呈现自己的画作，也间接地显现了自己；同样，作家借助著作媒介把自己间接地展现给世界。各种艺术作品为具有精神分裂倾向的个体提供了特别有利的表达渠道。因为借助艺术活动，他不仅能够以"展示"来代替"给予"，还能够生产出某种仍被其视之为自身部分的事物——即便该事物已经从内部世界进入外部世界。

　　专注于内部世界的另一个重要表现是理智化倾向，这是一个非常典型的精神分裂特征。它构成了一种极为强大的防御技术，且在精神分析治疗中作为一种很难应对的阻抗产生作用。理智化意味着对思维过程的高估；而这种高估与有精神分裂倾向的个体感到很难与他人建立情感联系有关。由于专注于内部世界以及随后的压抑情感，他很难自然而然地向他人表达自己的情感，而且在与他人的关系中很难自然、自发地行动。这导致他努力在内部世界中用理智解决他的情感难题。就有意识的意图而言，他企图从理智上解决情感难题似乎意味着他首先要为与外部客体有关的适应性行为铺平道路。但是源自潜意识深处的情感冲突不能接受这种解决方式，于是他逐渐倾向于以理智化的方式解决其情感问题，而非试图在外部世界涉及与他人关系的情感领域中寻求一个实际的解决方案。当然，对内化客体的力比多投注大大强化了这种倾向。由此，寻求对完全属于情感难题的理智化解决引起了两个重要的发展：（1）思维过程变得高度性欲化，思维世界成为创造性活动和自我表达的主导领域；（2）思维代替了情感，理智价值代替了情感价值。

对真正的精神分裂症患者而言，用观念来代替情感达到了极端。在这些病例中，当情感展现出来时，它们通常与观念的内容极不相符，且非常不合时宜；或者说，就像在紧张性精神病例中那样，情绪表达呈现出突然和猛烈爆发的形式。当然，对"精神分裂"这一术语的采纳，首先是基于对思维和感情之间这种分离的观察，因为这暗示着心理内在的一种分裂。但我们现在必须认识到，这里所说的分裂根本上是自我的分裂。因此，那些表面上显现出的思维与情感的分离，必须被解释为以下两者之间分裂的反映：（1）更为表面的自我部分，代表其较高的水平，包括意识；（2）更加深层的自我部分，代表其较低水平，包括那些最具性欲并因此成为情感来源的元素。从动力性的精神分析视角来看，这一分裂只能根据压抑来进行解释。基于这一假设，我们只能得出这样的结论：更深层、更高性欲的自我部分被更表面的自我部分所压抑；思维过程在更表面的自我部分中得到了更大的发展。

当然，就那些仅表现出轻度精神分裂特征的个体而言，思维与情感之间的分离不怎么明显。然而，存在着一种典型的倾向，即以理智价值来取代情感价值，且将思维过程高度性欲化。这类人通常更倾向于建构一种精心设计的理智系统，而不是在人性基础上发展出与他人的情感联系。他们还存在一种倾向，即为他们业已创建的机制挑选力比多客体。"与爱相恋"（being in love with love）似乎就是这种性质的现象——精神分裂的迷恋通常就具有这种成分。这种迷恋可能会为名义上的爱的客体带来极不愉快的后果。如果一个真正具有精神分裂人格的人迷恋某种极端政治哲学，后果就会变得更为严重，因为受害者的人数可能会达到数百万；当他迷恋上一种被自己严格解释并普遍应用的知识体系时，他就具备了一切狂热的特质——成了一个狂热分子。当这样一个狂热分子倾向于且有能力采取措施将他的制度无情地强加于他人时，情况就可能变成灾难性的——尽管有时不可否认的是，这种制度既可能带来好处，也有坏处。然而，不是所有迷恋某种知识体系的人都有意愿或能力将其制度强加于外在世界。的确，对他们来说，至少在某种程度上，更为普通的是对日常生活的世界袖手旁观，并从其理智的隐遁中以一种高高在上的姿态蔑视着共同的人性。

我们有必要注意这一事实：具有精神分裂倾向的个体总是在某种程度上表现出一种内在的优越感，即便通常很大程度上是潜意识的。在分析治疗的过程中，我们通常要克服相当大的阻抗，才能揭示它的存在；而当我们努力分析它产生的根源时，会遇到一个更强大的阻抗。然而，当它的根源被揭开时，我们就会发现这种优越感是基于：（1）一个普遍的高估个人的心理与身体内容的秘密；（2）由秘密地拥有且极度认同于内化的力比多客体（例如母亲的乳房和父亲的阴茎）而引起的自恋与自我膨胀。"秘密"成分的重要性不言而喻，这就是为什么精神分裂个体会如此普遍地展现出神秘的神态；即便对那些受精神分裂成分影响相对较小的人来说，它仍是潜意识情境中的一个重要因素。当然，秘密的内在必要性在某种程度上是由拥有内化客体的内疚感所决定的。这些内化客体在某种意义上是"偷来的"，但在很大程度上也是由害怕失去内化客体所决定的。内化客体似乎无比珍贵（甚至与生命本身一样珍贵），而客体的内化能够衡量它们的重要性以及对它们的依赖度。秘密地拥有这些内化客体会导致个体觉得自己与他人"不同"——正如经常发生的那样，个体会觉得自己实际上是杰出和独特的。然而，当研究这种与众不同感时，我们就会发现它与一种成为"异类"之感密切相关。对于存在这种现象的个体来说，体现"被遗弃"这一主题的梦时常发生。通常，这类个体在家里似乎是妈妈的乖孩子，但在学校却不是孩子们的玩伴，他们往往会把普通孩子投身参与学校活动的精力投入个人的学业中；事实上，他们有时也可能会在运动领域寻找个人成就。通常还有证据显示，这类个体在群体中存在情感关系的问题；而且在任何情况下，这类个体都会在知识领域寻找成就，并试图回避潜在的情感关系困难。至此，我们已经可以发现理智防御作用的证据了。值得注意的是，一个真正的精神分裂症患者此前的经历显示，他（她）至少在其学业生涯的某一时期被视为一位有前途的学者。如果我们进一步研究这种与众不同感（人格中具有精神分裂成分的个体的特征）的来源，我们会发现更多特征：（1）在早年生活中，不论母亲表现出明显的冷漠还是占有欲，他们都坚信母亲没有把他们视作有自身权利的人来真正地爱和重视；（2）受到由此带来的剥夺感和自卑感的影响，他们深深地依恋着母亲；（3）与这种固着相伴随的力比多态度不仅具有极端依赖的特征，还由于对一种显示出涉及威胁自我的情境的焦虑，而表现出高度的自我保护和自恋；（4）通过退行到口唇前期的态度，对一个已经内化的"乳房—母亲"的力比多投注得到了增强，而且内化过程本身也被过度扩展到与其他客体的关系中；（5）导致以牺牲外部世界为代价的对内部世界的普遍高估。

排空客体——力比多态度的一种含意

排空客体暗示了一种口唇前期的吞并性态度。此前注意到这一特征时，我就给出了它对儿童心理影响的一些描述。有人指出在被剥夺的情况下，儿童心中产生的关于自身排空的焦虑如何引发对于排空影响到母亲乳房的焦虑，如何将母亲乳房任何明显或实际的排空解释为是由他自己的吞并努力所导致的，以及他如何因此开始怀有需要对母亲的乳房和母亲本身的消失或毁灭负责的焦虑——由于被剥夺了儿童力比多所需要的攻击性，其焦虑显著增加了。这种焦虑在童话故事《小红帽》中得到了经典的表达。在这个故事中，我们记得小女孩恐惧地发现她亲爱的外婆不见了，她独自一人被留下，面对其自身如饿狼般的吞并需要。小红帽的悲剧是口唇前期儿童的悲剧。当然，童话故事总会有一个幸福的结局。婴儿的确会发现，他担心被自己吃掉了的母亲，最终会再次出现。然而，对婴儿期的孩子来说，尽管他们并不缺少智慧，却仍缺乏有组织的经验，否则他们可能会从中获得安慰，以缓解其焦虑。经过一段时间，他们就会获得足够的意识，意识到实际上他们的母亲没有因为自己吞并需要的明显破坏性而消失；而口唇前期因剥夺而产生的整个创伤情境都受到了压抑。与此同时，与该情境相联系的焦虑仍留存在潜意识中，准备被随后任何类似的经历再次激活。在出现明显固着的口唇前期，如果孩子后来觉得母亲并没有将他作为一个人来真正地爱和重视，且她没有真正把他的爱认为是好的而予以珍视和接受，那么创伤情境就特别容易被再次激活。

重要的是，我们要牢记出现在口唇前期与口唇后期的情境之间的区别。在口唇后期，啃咬倾向出现并占据了与吮吸倾向同等的位置；在口唇后期，还出现了与吮吸相联系的口欲爱和与啃咬相联系的口欲恨之间的分化——矛盾心态的形成就是这一分化的结果。口唇前期是前矛盾的，这一事实特别重要，因为进一步的事实是，在这一前矛盾时期儿童的口唇行为代表了个体表达爱的最初方式。在哺乳情境下，儿童与母亲之间的口唇关系代表了他首次体验爱的关系，并会成为他未来与爱的客体的一切关系的基础。这还代表了他首次经历了社会关系，而构成了他未来对社会的态度的基础。让我们牢记这些思考再回到上述情境，即固着于口唇前期的儿童感到母亲没有把他当作一个人来真正地爱和重视，也没有把他的爱当作好的来真正地珍视和接纳。在这些情况下，口唇前期的最初创伤情境在情感上被再次激活，然后得到恢复。儿童因此感到母亲之所以对他明显缺少爱是因为自己破坏了她的情感并使之消失了。与此同时，儿童感到她之所以明显拒绝接受他的爱是因为他自己的爱是破坏性和坏的。当然，这无疑是一种比在儿童固着于口唇后期的情况下所引发的类似情境更加难以容忍的情境。在后面的情境下，儿童在本质上是矛盾的，他从这种意义上来解释该情境，即正是他的恨而非他的爱毁灭了母亲的情感。因此对他来说，他的坏似乎正是在于他的恨。如此一来，他就能将自己的爱视为仍是好的。这似乎是躁狂抑郁精神病的潜在心位，并构成了抑郁心位。相反，精神分裂形成的潜在心位似乎是在前矛盾的口唇前期中产生的——在此种心位上，个体觉得他的爱之所以是坏的，是因为它似乎对于他的力比多客体具有破坏性，这恰好可以被描述为精神分裂样心位。它代表了一种本质上的悲剧情境，而为许多伟大的戏剧提供了主题，也为诗歌提供了一个备受喜爱的主题（例如华兹华斯的诗歌《露西》）。因此，具有严重精神分裂倾向的个体在展示爱时总会遇到这种困难就不足为奇了——他们总是怀有奥斯卡·王尔德在《雷丁监狱之歌》中所表达的那种深深的焦虑，即"每个人都杀了他所爱的东西"。他们在情感给予时会遇到困难也不足为奇，因为他们永远无法完全摆脱一种恐惧，即他们的礼物是致命的。因此，我的一位患者在带给我一些水果作为礼物后，第二天会谈开始时就询问道："你中毒了吗？"

现在我们已经认识到，有精神分裂倾向的个体除了觉得爱太过珍贵而不愿割舍之外，还有另一种把爱藏在自身内的动机。他将自己的爱封闭起来是因为他觉得它太过危险以至于不能释放给他的客体。因此，他不仅将爱保留在安全的地方，还关进笼子里。然而，事情还没有结束。因为他觉得自己的爱是坏的，所以他容易以类似的方式解释他人的爱。这种解释并不必然意味着他的投射，但他总是诉诸这种防御技术。前文提过的童话故事《小红帽》就说明了这一点。正如我们所看到的那样，尽管狼代表了她自己吞并性的口欲之爱，但故事还告诉我们狼代替了外婆躺在床上——当然，这意味着她将她自己的吞并态度归咎于她的力比多客体，这一客体似乎由此变成了一只饿狼。因此，具有精神分裂特点的个体容易感到被迫建立起防御，不仅抵御着他对别人的爱，也抵御着别人对他的爱。正是出于这一原因，我的一位有点儿精神分裂的年轻女性患者时常对我说："不管你做什么，一定不要喜欢我。"

因此，当具有精神分裂倾向的个体断绝社会交往时，首要原因是他觉得他必定既不能爱也不能被爱。然而，他并不总是满足于被动的超然态度；相反，他经常积极采取措施把他的力比多客体从身边赶走。为此，他拥有一种随时伸手可及的工具，即他的差异化攻击。他调动了恨的资源，将他的攻击指向他人——尤其是他的力比多客体。因此，他可能会跟人吵架，变得令人讨厌、粗鲁。如此，他不仅在与其客体的关系中用恨代替了爱，还引诱他们去恨他而非爱他。他做这一切都是为了与其力比多客体保持距离。就像游吟诗人（也许还有独裁者）那样，他只能允许自己远远地去爱和被爱。这是具有精神分裂倾向的个体容易出现的第二个悲剧。正如我们所看到的，第一个悲剧是他觉得他的爱对那些他所爱的人具有破坏性。他内心深处一直渴望着爱和被爱，但当他变得受制于恨和被恨的冲动时，第二个悲剧就出现了。

然而，具有精神分裂倾向的个体还有另外两个动机，可能会驱使他们使用恨代替爱——说来也奇怪，一个是不道德的动机，另一个是道德的动机。顺便提一句，对革命者和卖国贼来说，这些似乎是特别强大的动机。不道德的动机的确定在于既然爱的愉悦对他来说似乎是毫无希望的，那么不妨把自己交给恨的愉悦并从中获得他所能得到的满足。于是，他和魔鬼签订了一份协议，并说"恶为我善"（evil be thou my good）。道德的动机的确定在于如果爱中包含了破坏，那么最好由恨来破坏，而非由爱来破坏。恨显然是破坏性和坏的，而爱按理说是创造性和好的。当这两种动机起作用时，我们就面对着道德价值观的惊人逆转。这时就会出现一种情况：不仅"恶为我善"，而且"善为我恶"（good be thou my evil）。必须补充一句，这种价值观的颠倒很少被有意识地接纳，但是它通常依然在潜意识中扮演极其重要的角色——这就是具有精神分裂倾向的个体容易发生的第三个悲剧。

2 一种修正的精神病和精神神经症的精神病理学（1941）

导言

近年来，我逐渐对在某种程度上表现出精神分裂倾向的患者所呈现的问题产生了兴趣，而特别关注这些问题。我提出了一种观点，如果它被证明有充分依据的话，那么必定会对整个精神病学尤其是精神分析具有深远意义。我的各种发现及由此得到的结论，不仅为关于精神分裂状态的本质和病因的主流观点带来了大量修正，还导致了关于精神分裂过程的主流观点的极大修正，以及当前各种精神神经症和精神病的临床概念的相应改变。我的发现和结论还涉及修改和重新定位性欲理论，以及修正各种经典精神分析的概念。

由于各种原因，当前的概述将在很大程度上局限于我通过对精神分裂倾向的研究所得出的较为普通的观点。以下的许多论点在很大程度上取决于我自己的分析发现所得出的结论：精神分裂人群比迄今所公认的还要广泛，而很大比例的焦虑状态以及偏执狂、恐惧症、癔症与强迫症症状都有明确的精神分裂背景。根据我的发现，我为"精神分裂"概念所附加的广泛性含义也许可以用这一声明来最好地说明，即精神分裂人群对应于荣格的"内倾"概念所适用的人群。明显的精神分裂状态（正如该术语表示的一样）的基本特征是自我的分裂。对深度分析来说，最常见的事情就是揭示出自我的分裂不仅存在于那些遭受明显的精神病理状态困扰的个体身上，而且存在于那些因不能贴上明确的精神病理性标签而感到困扰并前来接受分析的个体身上。只有从发展的视角来思考，我们才能充分认识到自我分裂的重要性。

性欲理论的固有局限

当前有关自我发展的精神分析概念在很大程度上受到了弗洛伊德最初构想的性欲理论的影响。后者的大意是，力比多最初分布在众多的身体区域，其中一些区域格外重要，其本身就是性欲区。根据这一概念，力比多发展的成功取决于在生殖器冲动的掌控下各种力比多分布的整合。然而，正如即将出现的那样，性欲理论包含一个固有的缺陷——我们用亚伯拉罕所修正的理论中的那种形式来思考它，就能很好地认识到这一缺陷了。当然，亚伯拉罕在心理发展中为每个较为重要的力比多区域都分配了特殊地位，并假定了一系列的发展阶段——每个阶段都以特定区域的主导为特征。根据这种方案，每种经典的精神病和精神神经症都可归因于特定阶段的固着。毫无疑问，精神分裂状态与固着在以吮吸优势为特征的口唇前期有关。就此而言，将躁狂抑郁状态归因于固着在以啃咬的出现为特征的口唇后期无疑也是正确的。然而，就涉及两个肛门期和前生殖器或性器期而言，情况就不那么一帆风顺了。正如亚伯拉罕明确指出的那样，偏执狂患者无疑使用了一种原始的肛门技术以拒绝他的客体；强迫症患者使用了一种更先进的肛门技术以获得对其客体的控制；而癔症患者试图通过一种涉及放弃生殖器官的技术来改善与客体的关系。然而，我自己的发现使我同样毫不怀疑，偏执狂、强迫症、癔症状态——可能还要加上恐惧症状态——本质上代表的并非特定力比多阶段的固着产物，而只是使用各种技术以保护自我免受最初口唇冲突的影响。这一信念得到了两个事实的支持：（1）对偏执狂、强迫症、癔症和恐惧症症状的分析总是揭示了潜在的口唇冲突的存在；（2）偏执狂、强迫症、癔症和恐惧症症状是精神分裂和抑郁状态如此普遍的伴随症状和前兆。相比之下，将精神分裂或抑郁状态本身视为一种防御是完全不可能的——每种状态都有一种基于口腔的病因。这些状态具有自我需要去防御的状态的所有特征。①

对亚伯拉罕修订的性欲理论做出进一步思考时我们会发现一个问题，即"肛门期"是否在某种意义上不是一种假象。而同样的问题也出现在性器欲期。当然，亚伯拉罕提出的各种时期不仅试图代表力比多组织的阶段，也试图代表客体爱的发展阶段。然而，各个阶段的命名是基于力比多目的的性质，而非基于客体的性质。因此，亚伯拉罕提出了用"口唇期"代替"乳房期"，用"肛门期"代替"粪便期"。当我们用"粪便期"来代替"肛门期"时，亚伯拉罕的力比多发展图式的局限性就暴露了出来。因为，虽然乳房和生殖器都是性欲的自然和生物学的客体，但粪便肯定不是。相反，它只是一个象征性客体。可以说，它仅仅是塑造客体模型的黏

---

① 我们必须认识到，可能存在某种与精神分裂和抑郁状态相关的具有一定特殊性的防御方式，它们是由状态本身而不是由其背后的冲突所引起的。就抑郁状态而言，躁狂防御可能是一个突出的例子。当非特殊技术（偏执、强迫、癔症和恐惧技术）未能达到保护自我避免精神分裂或抑郁状态发作的目的时，这些特殊的防御技术似乎就会被启用。然而，这些特殊的防御技术必须与激活它们的基本精神分裂和抑郁状态区分开来。

土。①

性欲理论的历史意义及其对精神分析知识发展的贡献程度无须赘述——其启发性已经证明了该理论的价值。然而，为了更进一步，如今似乎已经到了这样的地步：经典的性欲理论必须转变为一种本质上基于客体关系的发展理论。作为一种解释系统，当前的性欲理论的巨大局限性在于，它为力比多态度的地位赋予了各种表现，而这些表现最终被证明只是调节自我的客体关系的技术。当然，性欲理论建立在性欲区概念的基础之上。然而我们必须认识到，性欲区起初只是力比多释放所经由的渠道，只有当力比多通过一个区域来释放时，这一区域才会变成性欲区。力比多的最终目标是客体；它在寻求客体时，遵循一种类似于电能流动的法则，寻找阻抗最小的路径。因此，我们应仅将性欲区视为阻抗最小的路径，而可以将其实际的性欲比拟为电流流动所形成的磁场。

在婴儿期，由于人类机体的构造，对客体阻抗最小的路径几乎完全是通过口腔的。于是口腔就成了主要的力比多器官。在成熟的个体身上（由于人类机体的构造）生殖器官提供了对客体阻抗最小的路径——但是，它只能与许多其他路径并存。成熟个体的真正问题不是力比多态度本质上是生殖的，而是生殖态度本质上是力比多的。因此，婴儿与成人的力比多态

---

① 这里，值得注意的有趣现象是，亚伯拉罕用来描述其力比多发展系统中各个阶段的命名法，不同于他在修正性欲理论之前流行的理论中用来描述力比多发展阶段的命名法。在早期的阐释中，发展分为三个阶段：（1）自体性欲、（2）自恋、（3）"异性恋"。这种命名本身就暗示了先前的图式本质上是基于一个客体指称（而不是基于对力比多目的本质的指称）。撇开术语的问题不谈，亚伯拉罕对力比多发展的描述本质上是对早期图式的修正——这种修正的独特特点是在自恋和异性恋阶段之间插入了两个"肛门期"。这样做的特殊目的是使"部分爱"阶段能够被引入力比多发展的框架中。但是，无论这一目的的价值是什么，重要的是，亚伯拉罕在插入"肛门期"的同时应该改变命名法——其结果是，用于描述修正方案每个阶段的术语中不再出现客体的表述。

度存在一种固有的差异，这种差异源于这样一个事实，即对婴儿来说，其口唇在力比多态度中必然占据主导性，而对情感成熟的成人来说，力比多会通过许多渠道寻求客体，其中生殖渠道承担了非常重要但绝非唯一的角色。因此，将婴儿的力比多态度描述成具有口唇特征是没有问题的，但将成人的力比多态度描述成具有生殖特征则是错误的——我们应该将其恰当地描述为"成熟的"。然而，这一术语必须被理解为暗示着生殖器渠道可用于建立与客体之间令人满意的力比多关系。与此同时，我们必须强调的是，并不是由于已经达到了生殖器水平，力比多关系才是令人满意的；相反，正是由于已经建立了令人满意的客体关系，真正的生殖性欲才得以实现。①

由以上可见，亚伯拉罕的"口唇期"得到了事实的充分证实。然而，他的"前生殖期或性器期"则另当别论。性器官构成了成熟力比多的天然渠道，在这个意义上他的"后生殖器期"也是合理的；但是像"肛门期"一样，他的"性器期"是人为的。它是在基本性欲区这一误导性概念的影响下被引入的一个人为概念：对生殖态度的深层分析总会揭示出与口交幻想相联系的潜在的口腔固着的存在。因此，生殖态度依赖于对客体的生殖器官的认同（其中，乳房是口唇态度的最初客体部分）——与这种认同相伴的通常是将主体的生殖器官认同为作为力比多器官的口腔。因此，生殖态度必定不能被看作代表一个力比多阶段，而应被视为构成一种技术——肛门态度也是如此。

---

① 应该解释的是，通过与口唇阶段的比较去贬低"生殖"阶段的重要性并非我的意图。我的目的是要指出"生殖"阶段的真正意义在于成熟的客体关系，而生殖态度仅是这种成熟中的一个部分。如果说口唇阶段的真正意义在于客体关系的不成熟，那么口唇态度仅是该不成熟中的一个部分。在口唇阶段，由于婴儿的生理依赖，在关系中与心理要素相反的生理要素的重要性比在"生殖"阶段更加显著。

对任何力比多发展的理论来说，基本性欲区概念都不是一个令人满意的基础，因为它没有认识到力比多快乐的功能本质上是提供通向客体的路标。根据性欲区的概念，客体被视为通向力比多快乐的标识；如此一来就是本末倒置了。这种实际位置的颠倒必然是因为这样一个事实，即在精神分析思想的早期阶段，客体关系的重要性没有被充分认识。这里，我们还有一个关于误解的实例——如果把一种技术误认为首要的力比多表现形式，人们就会产生这种误解。每种情况都有一个关键的事例，就此而言，吮吸拇指可被视为一个关键的例子。为什么婴儿会吮吸拇指？对这一简单问题的回答决定了性欲区概念的整体有效性，以及以它为基础的性欲理论的形式。如果我们回答说婴儿之所以吮吸拇指，是因为他的嘴是性欲区，吮吸为他提供了性快感的话，这听起来可能很有道理。但实际上，我们没有抓住重点。为了阐明这一点，我们必须进一步扪心自问："为什么是拇指？"这一问题的答案是"因为没有乳房可以吮吸"。即便是婴儿也必须有一个力比多客体，如果他的天然客体（乳房）被剥夺了，那么他将被迫为自己提供一个客体。因此，吮吸拇指代表了一种处理不满意的客体关系的技术；手淫可能也是如此。这里，读者无疑会想到吮吸拇指和手淫不应仅仅被描述为"性欲的"，更确切地说它们完全应该被描述为"自体性欲的"活动。这当然是事实。然而，性欲区概念本身是以自体性欲现象为基础的，它的出现在很大程度上是由于对这种现象的误解，这似乎也是事实。自体性欲本质上是一种技术，通过这种技术，个体不仅试图为自己提供从客体中不能获得的东西，而且试图为自己提供一个无法获得的客体。"肛门期"和"性器期"在很大程度上代表了基于这种技术的态度。这是一种起源于口唇背景的技术，总是保留其口唇起源的印迹。因此，它最终与吞并客体紧密联系——毕竟，这只是个体试图处理口唇关系中的挫折的一个方面。鉴于这种密切的联系，我们会看到吮吸拇指作为一种自体性欲（和性欲的）活动，从一开始就获得了与内化客体的关系的意义。毫不夸张地说，力比多发展的全程都取决于客体被吞并的程度以及个体所采用的处理被吞并客体的技术的性质。很显然，肛门和口唇态度的意义在于它们代表了处理被吞并客体的技术的力比多方面。我们还要时刻记住，不是力比多态度决定了客体关系，而是客体关系决定了力比多态度。

以对客体的依赖性质为基础的客体关系发展理论

通过对那些表现出精神分裂特征的病例的研究，我得出一个主要结论，即客体关系的发展本质上是一个由婴儿般地依赖于客体逐渐发展到成熟依赖于客体的过程。这一发展过程的特征是：（1）逐渐抛弃以原始认同为基础的最初客体关系；[①]（2）逐渐采用以客体的分化为基础的客体关系。由此发生的客体关系性质的逐渐改变也伴随着力比多目标的逐渐改变——最初的以口唇、吮吸、吞并和"索取"为主导的目标最终被以与发达的生殖器性欲相一致的成熟的、非吞并性的和"给予"为主导的目标所代替。婴儿依赖阶段中包括两个可被识别的时期：口唇前期和口唇后期。成熟依赖阶段对应于亚伯拉罕的"后生殖器期"。在婴儿依赖与成熟依赖

---

① 这里，我用"原始认同"一词来表示对一个尚未与主体分化的客体的全神贯注。"认同"这个不加限定的名词有时就是在这个意义上使用的，但它更常用来表示与一个至少在某种程度上已经分化的客体建立一种基于未分化的关系——这个过程代表了原始认同所涉及的那种关系类型的重现，因此，严格地说，它应该被描述为"继发性认同"。铭记这一区别在理论上是很重要的，但为了方便，我们也可简单地使用"认同"一词，而无须特别指明是原始认同还是继发性认同（下文中也如此使用）。这个词也可用来描述本质上不同的客体（如阴茎和乳房）之间建立的情感对等。

两个阶段之间是一个过渡阶段，其特征是逐渐倾向于抛弃婴儿依赖态度和采取成熟依赖的态度。这一过渡阶段对应于亚伯拉罕的三个时期——两个肛门期和前生殖（性器）期。

只有当口唇后期的矛盾心态开始被一种基于客体二分的态度所取代时，过渡阶段才开始萌芽。客体二分可以被界定为一个过程，在这一过程中，既爱又恨的原初客体被两个客体所代替——一个是爱所指向的被接受的客体，一个是恨所指向的被拒绝的客体。补充一点，与口唇期的发展相一致，被接受和被拒绝的客体都容易被视为内化的客体。只要过渡阶段涉及放弃婴儿依赖，那么客体拒绝就不可避免地发挥了首要的作用。因此，拒绝技术的运用是这一阶段的典型特征。亚伯拉罕在引入肛门期的概念时似乎正是紧扣了这一特征。当然，就生物特性而言，排便本质上是一个拒绝过程——基于这一事实，它在心理层面上自然适于被用作情感上拒绝客体的标志，并很容易构成拒绝性的心理技术的基础；与此同时，它很容易获得对客体施加影响的心理意义。对于排便的这些理解也适用于排尿。我们有理由认为，排尿作为一种象征性的拒绝功能，其重要性在过去被低估了——得益于解剖学理论，我们知道，排尿功能为排便与生殖功能提供了联系。

根据这里所采纳的观点，偏执狂和恐惧性神经症不能被认为分别是固着于肛门早期和肛门后期的表现。相反，它们应被视为由于采用了特殊的防御技术而导致的状态，这种防御技术的模式源于拒绝性的排泄过程。然而，偏执技术和强迫技术也不仅仅是拒绝性的技术，它们既拒绝坏客体又接受好客体。稍后我们将讨论它们之间的本质区别。我们可以注意到，偏执技术代表了较高程度的拒绝；因为在外化被拒绝的内部客体的过程中，偏执性个体将它视为彻底的、主动的坏客体——实际上是一个迫害者。对强迫性个体来说，排泄行为不仅代表着拒绝客体，还代表着放弃内容。①因此，在强迫技术中，我们发现了婴儿依赖主导性的索取态度与成熟依赖主导性的给予态度之间的折中。这种折中态度与偏执性个体的态度完全不同——对他们来说，排泄行为仅仅代表着拒绝。

癔症提供了另一个例证来说明使用特殊的拒绝技术所导致的状态；与之相对的是由固着在特定的力比多发展阶段（性器期）而产生的状态。当然，根据亚伯拉罕的图式，癔症状态归因于在性器期由于对俄狄浦斯情境的过度内疚而造成的对生殖器官的拒绝，这一观点与我最近的发现并不完全一致，这表明它包含某种错误理解，即将俄狄浦斯情境作为与社会现象相对照的心理现象。从心理学角度来说，该情境的深层意义似乎在于它代表着将矛盾时期（口唇后期）的单一客体区分为两个客体：一个是被接受的客体，认同父母中的一方；另一个是被拒绝的客体，认同父母中的另一方。于是，与其说俄狄浦斯情境中的内疚起源于该情境是三元的这一事实，不如说它源自：（1）乱伦愿望代表了要求父母的爱，父母似乎没有慷慨地给予这些爱；（2）儿童感到他自身的爱被拒绝，因为它是坏的。这在我的一位女患者的身上得到了很好的证实——她在童年期被置于一个极易激发乱伦幻想的环境中。她的父母由于不合而分房居住，两间卧室之间有一个相互连接的更衣室，而患者的母亲让她睡在这间更衣室里以保护自己免受丈夫骚扰。她很少能获得父母的情感。在很小的时候，她就患上了严重损害身体的疾病，这使她在现实中比其他正常孩子更依赖别人。她的残疾被母亲视为家丑，母亲养育她的指导原则是迫使她尽快独立起来。她的父亲性格孤僻，难以接近；她感到与他建立情感联系比与母亲建立情感

---

① 与事实一致的是，尽管排泄功能本质上是拒绝性的，但其在某种意义上也是生产性的，因此有助于儿童获得额外的创造性和"给予"活动的心理意义。

联系还要困难。在她十几岁时母亲去世了,此后,她绝望地试图与父亲建立情感联系,但均以失败告终。就在那时,有一天她突然想:"如果我主动提出跟他上床的话,一定会迎合他的心意。"因此,她的乱伦愿望代表了一种绝望的尝试,即与客体建立情感联系——这样做既是为了引出爱,也是为了证明她的爱是可接受的。这种愿望不依赖于任何特定的俄狄浦斯情境。当然,就我的患者来说,乱伦愿望被放弃了。不出所料,她随后出现了强烈的内疚反应。但这种内疚与她要求母亲表达爱却未得到满足所引发的内疚并没有什么不同。没有得到母亲的爱,似乎证明她自己的爱是坏的。她与母亲之间令人不满意的情感关系已经导致她退行到口唇阶段——乳房又恢复成客体——因而她的主要症状之一就是虽然不感觉恶心,却不能在别人面前吃东西。她拒绝父亲的阴茎的背后就是拒绝母亲的乳房,这证明了她必定把阴茎认同于乳房。

这个病例说明,虽然没有理由否认癔症患者对生殖器官的拒绝,但与其说这种拒绝是由俄狄浦斯情境的特殊性质决定的,不如说它是由癔症患者将生殖器官作为部分客体与婴儿依赖阶段的原始部分客体(乳房)相联系这一事实决定的。由此,癔症患者对生殖器官的拒绝可归结为一次抛弃婴儿依赖态度的失败尝试。这同样适用于偏执技术和强迫技术中所体现的客体拒绝。然而,癔症技术没有外化被拒绝的客体;相反,被拒绝的客体仍被吞并着。因此,典型的癔症分裂的意义在于它代表了对被吞并客体的拒绝。与此同时,像强迫技术一样,癔症技术也体现了对成熟依赖中的给予态度的部分接受。因为癔症个体的典型特征是他想要向他所爱的客体交出任何东西,除了生殖器官及其对他来说所代表的东西。这种态度会伴随对爱的客体的理想化,其在某种程度上受到了一种愿望的驱动,即希望在更可靠的基础上建立依赖。

现在，我们已经知道偏执狂、强迫神经症、癔症的意义在于它们各自代表了一种由使用特定的技术而导致的状态；恐惧症状态也必定可以用相似的视角来看待。如果这些冲突仍未得到解决的话，我们所讨论的每一种技术都可被理解为试图解决过渡阶段典型冲突的一种特定方法。这种冲突存在于以下两者之间：（1）发展到成熟客体依赖态度的冲动，（2）不愿放弃婴儿客体依赖态度的退行。

以下是根据上述内容提出的客体关系发展模式：

1. 婴儿依赖阶段，以索取态度为主导。

（1）口唇前期——吞并——吮吸或者拒绝（前矛盾的）。

（2）口唇后期——吞并——吮吸或者啃咬（矛盾的）。

2. 婴儿依赖与成熟依赖之间的过渡阶段或准独立阶段——被吞并客体的二分和外化。

3. 成熟依赖阶段，以给予态度为主导——被接受和被拒绝的客体外化。

在此模式中，客体关系的性质是基础，而力比多态度降到了次要地位。对表现出精神分裂特征的患者所做的分析让我明白了客体关系的至关重要性，因为正是在这些个体身上，与客体之间关系的困难表现得最为明显。在分析过程中，这种个体提供了最有力的证据，证实了在极不情愿地放弃婴儿依赖与迫切渴望放弃婴儿依赖之间的冲突。看着患者像一只胆小的老鼠，在爬出洞穴的庇护去窥视外在客体世界与随后仓皇地退缩之间交替，这既令人着迷，又令人惋惜。观察患者如何不屈不挠地试图摆脱婴儿依赖状态，如何轮番使用上述四种过渡技术——偏执、强迫、癔症和恐惧技术，也是富有启发意义的。这一病例的分析清晰展现了儿童的最大需要就是获得确凿的保证：（1）他作为一个人真正被父母所爱；（2）他的父母真正接受他的爱。只有当这种保证以足够令他信服的形式出现并令他能够安全地依赖于真正的客体时，他才能逐渐放弃婴儿依赖，而不感到忧虑。如果缺少这一保证，那么他与客体的关系就会充满分离焦虑，致使他不能放弃婴儿依赖的态度。因为这种放弃在他看来等同于放弃对满足他尚未满足的情感需求的所有希望。他渴望被爱，也渴望自己的爱被接受，而这种愿望的落空是儿童可能经历的最大创伤。正是这种创伤造成了对婴儿性欲的各种形式的固着。儿童被迫求助于这些固着，并试图用替代性的满足来补偿与他的外在客体的情感关系的失败。从根本上来说，这些替代性的满足（如手淫和肛门性欲）都代表着与内化客体的关系。在缺少同外部世界客体令人满意的关系的情况下，个体被迫求助于内化客体。当与外在客体的关系不令人满意时，我们总会遇到诸如表现癖、同性恋、施虐狂和受虐狂等现象。这些现象在很大程度上应被视为对挽救已经破裂的情感关系的尝试。理解这些"关系默认"的本质固然重要，但相对来说，认识损害自发关系的因素要重要得多。迄今为止，这些因素之中最重要的就是童年的一种情境，它导致个体觉得他的客体既不把他当作一个人来爱，也不接受他的爱。正是当这一情境出现时，指向客体的固有力比多驱力导致了异常关系的建立，并引发了各种相伴而来的力比多态度。

　　上述发展模式的基础是对客体的依赖性——我们有理由认为这是早期关系中最重要的因素。但我们也应该弄清楚适合每一个发展阶段的客体性质。区分自然（生物学）客体与被吞并的客体是重要的，在精神病理学范畴中，后者在很大程度上代替了前者。当然，客体可以是部分客体或者整体客体。当考虑到儿童早期的生物史时，这一点就变得清晰了——只有一个自然的部分客体，即母亲的乳房；最重要的整体客体就是母亲，而父亲只能排在第二位。正如我们已经指出的那样，粪便不是一个自然客体，而是一个象征性的客体；就生殖器官而言也是同样的情况，因为它们被视为性器官的客体（部分客体）。尽管就男同性恋而言，最重要的直接因素无疑是寻求父亲的阴茎，但是这种寻求中包含着用部分客体来代替整体客体——这种退行现象代表着与原始部分客体（乳房）的原初（口唇）关系的重现。由此，可以说同性恋者寻求父亲阴茎就还原成了对母亲乳房的寻求。乳房作为部分客体的持续存在在癔症病例中也很显著，对这些患者来说生殖器官总是保留了口唇含义。这在我的一位女性癔症患者的病例中得到了很好的说明——她在描述她的盆骨"疼痛"时说道："感觉好像里面有什么东西需要进食。"正如战时的临床经验所表明的那样，患癔症的士兵对胃部症状的抱怨也具有相似的含义。

以下列出了适于各个发展阶段的自然客体：

1. 婴儿依赖

（1）口唇前期——母亲的乳房——部分客体。

（2）口唇后期——具有乳房的母亲——通常被视为部分客体的整体客体。

2. 准独立（过渡阶段）

通常被视为身体内容物的整体客体。

3. 成熟依赖

具有生殖器官的整体客体。①

---

① 这体现了评估意义上的力比多发展标准，我们要牢记这一标准与通过精神病理学案例分析所揭示出的实际发展过程之间的区别。我们必须明确认识到，口唇前期的自然客体仍然是真实的母亲的乳房，而不关乎任何过程——借助那些过程乳房在心理上被吞并并建立为内部客体。在这一时期，个体除了在情感上依赖于内化的乳房之外，还在身体上和情感上依赖于作为外部客体的乳房。我们还必须认识到在后来的力比多发展阶段中，自然的客体已绝不是乳房，但乳房可能依旧是内部客体。

婴儿依赖与成熟依赖之间的过渡阶段：技术与精神病理学

前文中，"过渡阶段"被描述为"准独立"阶段。我们应当格外关注采取这种描述的原因。我们从对具有精神分裂倾向个体的研究中可以清楚地看出，婴儿依赖状态最显著的特征就是对客体的原始认同。的确，在心理学中，我们可以说认同于客体和婴儿依赖是同一现象的两个方面；而成熟依赖涉及两个独立个体之间的关系——他们作为彼此的客体完全区分开。①这两类依赖之间的区别与弗洛伊德的自恋性客体选择和依恋性客体选择之间的区别一致。成熟依赖中所包含的关系只有理论上的可能性。然而，关系越成熟，其带有的原始认同特征就越少——这一直是事实——因为这种认同本质上代表着不能区分客体。当以牺牲分化为代价而导致认同持续存在时，个体对客体的态度中就会出现一种明显的强迫因素。这一点在精神分裂症患者的迷恋中表现得非常明显；这一点还可以从战时因必须服役而与妻子或家庭分离的那些精神分裂和抑郁的士兵所普遍体验到的几乎无法控制地想回到妻子或家人身边的冲动中观察到。抛弃婴儿依赖涉及抛弃基于原始认同的关系从而建立与分化的个体之间的关系。在梦中，分化过程通常会表现出试图跨越深渊或鸿沟的主题——尽管在退行时也会出现这种试图跨越的现象。这一过程本身伴有极度的焦虑，而这种焦虑在梦中的典型表现是从高处坠落，就像在恐高症和广场恐惧症之类的症状中出现的那样。对于此过程的失败焦虑也表现在被下毒或被关在地下或浸入大海的噩梦中，就像在幽闭恐惧症的症状中出现的那样。

客体分化过程具有特殊的意义，因为婴儿依赖不仅以认同为特征，而

---

① 婴儿依赖不同于成熟依赖的一个重要方面在于，前者是一种还未被抛弃的状态，而后者是一种已经获得的状态。

且以吞并的口唇态度为特征。鉴于这一事实，个体认同的客体就变得等同于所吞并的客体了，或者说得更清楚一点儿，个体被吞并到其中的客体是被吞并在个体中的客体。这种奇怪的心理反常现象也被证实是很多形而上学难题的答案。即便如此，梦中普遍出现了客体内部与内部拥有客体之间明显等同的情况。例如，我有一个患者梦见自己在一座塔里，而他的自由联想无疑证明这一主题对他而言不仅代表着对母亲的认同，还代表着母亲的乳房——顺便说一句，也代表着父亲的阴茎。

因此，在这样的情境中，客体分化的任务往往会演变出排出被吞并的客体的问题，即排出身体内容物的问题。这里涉及亚伯拉罕"肛门期"的一些基本原理。我们必须探寻肛门技术的诸多含义，这些技术在过渡阶段发挥了十分重要的作用。对我们来说，关键在于确保没有本末倒置，并且认识到在这个阶段个人不是因为处于肛门期所以专注于排泄物的处理，而是因为专注于排泄物的处理所以处于肛门期。

现在我们可以理解，过渡阶段的巨大冲突可以表述为：放弃对客体婴儿般的认同态度的进步性与维持这种态度的退行性之间的冲突。于是，这一时期个体的行为特征是既绝望地努力使自身与客体相分离，又绝望地努力实现与客体的再结合——绝望地试图"逃出牢笼"和绝望地试图"回家"。尽管这些态度最终会有一种占上风，但由于每种态度起初都伴随着焦虑，因此总会出现摇摆不定的情况。与分离相伴的焦虑会表现为害怕孤独；与认同相伴的焦虑会表现为害怕禁闭、监禁或被吞噬（被束缚、拘禁和幽闭）。大家会注意到，这些焦虑本质上都是恐惧性的焦虑。因此我们可以推断，我们必须在进步性地要求与客体分离和退行性地要求与客体认同之间的冲突中寻找对恐惧症状态的解释。

由于原始认同与口唇吞并之间的密切关联，以及由此产生的分离与排泄属性之间的密切关联，过渡时期的冲突也体现为排泄冲动与保留身体内容物冲动之间的冲突。就像分离与再结合之间的冲突一样，在排出与保留之间往往会出现摇摆——尽管在这些态度中可能有一种会成为主导。两种态度都伴随着焦虑——排出态度伴随着害怕被排空或耗尽；保持态度伴随着害怕被挤满（经常会被对某种内部疾病，如癌症的担忧所取代）。这些焦虑本质上都是强迫性焦虑，而引发强迫症状态的正是这种迫切要求排出作为身体内容物的客体与迫切要求保留作为身体内容物的客体之间的冲突。

恐惧技术和强迫技术可以被视为代表了处理同一个基本冲突的两种不同方法，这两种不同的方法对应于对客体的两种不同态度。从病态恐惧的角度来看，冲突体现为逃离客体与返回客体之间的冲突；从强迫的角度来看，冲突体现为排出客体与保留客体之间的冲突。显而易见的是，恐惧技术主要对应于被动的态度，而强迫技术主要对应于主动的态度。强迫技术还代表了更高程度的对客体的公开攻击，因为无论客体被排出还是被保留，它都受到了强大的控制。而对于恐惧症个体来说，其选择在于逃避客体的影响还是受制于客体的影响。换句话说，强迫技术本质上主要是虐待狂的，而恐惧技术本质上主要是受虐狂的。

我们在癔症状态中能识别出另一种试图处理过渡时期基本冲突的技术。在这种情况下，冲突似乎被简单地表述为一种对客体的接受与拒绝。对客体的接受明显地体现在强烈的爱的关系中，这是癔症患者的典型特征。但是这些极度夸张的情感关系本身就会引起一种怀疑，即对某种拒绝的过分补偿。癔症患者表现出分裂现象的倾向证实了这种怀疑。这些分裂现象代表了对生殖器官的拒绝，这一点无须强调；但正如之前指出的那样，在婴儿依赖时期，分析治疗总是揭露出被拒绝的生殖器与作为原始力比多客体的乳房之间的认同。既然如此，癔症患者典型的分离客体是自身的器官或功能。这只能说明一个问题——被拒绝的客体是内化的客体，且患者对于该客体存有极大的认同。对于癔症患者而言，其对真实客体的过度评价毫无疑问地说明被接受的是外化客体。因此，癔症状态可被视为具有接受外化的客体和拒绝内化的客体的特征——或者说，具有接受的客体外化、拒绝的客体内化的特征。

现在，如果将偏执狂和癔症状态进行比较，我们会发现一个重要的对比。癔症患者对外部世界的客体评价过高，而偏执狂将外部客体视为迫害者；癔症患者的解离是一种自我贬低，而偏执狂的态度是一种奢侈的自大。因此，偏执狂状态必须被视为代表着对外化客体的拒绝和对内化客体的接受，或者是被拒绝的客体的外化和被接受的客体的内化。

通过接受和拒绝客体的角度来解释癔症技术和偏执技术之后，我们现在可以通过对恐惧技术和强迫技术进行类似的解释从而得到有趣的结果。导致恐惧症状态的基本冲突可被简单地描述为趋向客体与逃离客体之间的冲突。当然，在前一种情况下客体是被接受的，而在后一种情况下客体是被拒绝的。但在这两种情况下，客体都被视为外部的。而在强迫症状态中，冲突体现为排出客体与维持客体的冲突。在这种情况下，被接受与被拒绝的客体都被视为内部的。如果说在恐惧症状态中被接受或被拒绝的客体都被看作是外部的，而在强迫症状态中它们都被看作是内部的，那么在癔症和偏执狂状态的情境下，其中一个客体被看作是内化的客体，另一个被看作是外化的客体。在癔症状态下，被外化的客体是被接受的客体，而在偏执状态下，被外化的客体是被拒绝的客体。这四种技术的客体关系特点的本质可通过表2-1概括出来。

表2-1 四种技术的客体关系特点的本质

技术	被接受的客体	被拒绝的客体
强迫性的	内化的	内化的
偏执性的	内化的	外化的
癔症性的	外化的	内化的
恐惧性的	外化的	外化的

现在，我们可以简要概括婴儿依赖与成熟依赖之间的过渡阶段的主要特征。过渡时期的特点是，基于认同的客体关系逐渐发展并让位于与分化客体的关系。因此，这一时期能否取得令人满意的发展，取决于客体分化过程能否取得成功——关键在于与客体分离的冲突问题，即这种情况既是人们所希望的，也是人们所害怕的。这些冲突可能会调动四种典型的技术——强迫、偏执、癔症和恐惧技术之中的任一种或全部；如果客体关系令人不满意的话，这些技术就可能构成日后生活特有的精神病理化的基础。我们不能按照推测的力比多发展水平对各种技术进行分类。它们必须被视为同一客体关系发展阶段中的不同技术。使用何种技术或在多大程度上使用每一种技术，似乎在很大程度上取决于此前的婴儿依赖阶段中建立的客体关系的性质，尤其是客体被吞并的程度，以及发展中的自我与其内化的客体之间建立关系所采取的形式。

婴儿依赖阶段及其精神病理学

既然我们已经对过渡时期的本质及其典型的防御进行了一定程度的探讨，现在就应该把注意力转移到婴儿依赖时期以及在此时期萌芽的精神病理性状态上。

　　无条件性是婴儿依赖的显著特征。婴儿完全依赖于他的客体，不仅为了自身生存和身体健康，还为了满足他的心理需求。当然，成熟的个体在满足心理需求和生理需求时确实也相互依赖。然而，从心理学角度来说，成熟个体的依赖不是无条件的。相反，儿童的极度无助足以使他产生无条件的依赖。我们还注意到，成年人的客体关系是相当广泛的，但婴儿的客体关系往往集中于单一的客体。因此，失去一个客体对婴儿来说更加具有破坏性。如果成熟的个体失去了一个客体，那么无论这个客体多么重要，他仍然拥有一些客体，因为他并没有把鸡蛋都放在同一个篮子里。而且，他对客体拥有选择性，可以为了一个客体而放弃另一个。而婴儿没有选择性，他别无选择，只能接受或拒绝他的客体——这种选择对他来说就像是生死抉择一样。婴儿的心理依赖进一步被他的客体关系的特殊性质所强化。正如我们看到的那样，这种关系基本上建立在认同的基础上。在子宫状态中，依赖以其最极端的形式展现出来；我们可以合理地推断，在心理方面，该状态的特点是绝对的认同和缺少分化。因此，认同被视为出生前就已存在的一种关系在子宫外生命中的延续。只要出生后还保留了认同，个体的客体就不仅构成了他的世界，还构成了他本身。正如已经指出的那样，我们必须将很多精神分裂和抑郁个体对其客体的强迫态度归咎于这一事实。

　　随着认同的逐渐减少，客体逐渐开始分化——这是正常发展过程的特点。然而，只要婴儿依赖仍然存在，认同就仍然是个体与其客体情感关系的最典型特征。婴儿依赖等同于口唇依赖——我们不应从婴儿天生就是口唇的，而应从母亲的乳房是他最初的客体这一意义上来理解该事实。因此，在口唇期，认同仍然是个体与其客体的情感关系的最典型特征。在这些时期，情感关系独有的认同倾向还会侵入认知领域，以致某些口唇固着的个体只要听说别人患了某种疾病，就会认为自己也患了这种疾病。而在认知领域中，认同在口唇吞并中有其对应之处；正是情感认同与口唇吞并的结合，赋予婴儿依赖阶段最显著的特征。这些特征以基本的对等性为基础，即被母亲抱在怀中的婴儿等同于吞并她的乳房里的内容物。

自恋现象是婴儿依赖最显著的特征之一，它是一种因认同客体而产生的态度。事实上，原始自恋可以被简单界定为这种认同客体的状态，而继发自恋是认同被内化的客体的一种状态。虽然自恋是口唇前期和口唇后期共有的一个特征，但是口唇后期和口唇前期的不同之处在于客体性质发生了变化。在口唇前期，自然客体是母亲的乳房；但在口唇后期，自然客体变成了具有乳房的母亲。因此，从一个阶段过渡到另一个阶段的标志是用一个完整的客体（或人）代替部分客体，以及啃咬倾向的出现。因此，在口唇前期，吮吸的力比多态度独占该领域，而在口唇后期，它与同时发生的啃咬态度展开竞争。此时，啃咬必须被看作本质上是以毁灭为目的的，且构成了一切分化的攻击的原型。因此，口唇后期具有高度情感矛盾的特点。亚伯拉罕已经很好地将口唇前期描绘为"前矛盾的"；但是这并没有单纯拒绝或排斥客体，且不带有任何口唇后期特有的攻击性啃咬。这种拒绝并不意味着矛盾。我认为，口唇前期的吞并冲动在本质上是一种力比多冲动，分化且直接的攻击对其没有任何影响。认识到这一事实对于理解潜藏于精神分裂状态之下的基本问题至关重要。从东西被吃掉而消失的意义上来说，吞并冲动在效果上确实具有毁灭性。然而，吞并冲动的目的并不是破坏。当一个孩子说他"喜欢"蛋糕时，这必然意味着蛋糕将会消失，因此被破坏了。与此同时，破坏蛋糕并不是孩子"喜欢"的目的；相反，从孩子的角度来看，蛋糕的消失是他"喜欢"所造成的最令人遗憾的后果。他真正渴望的是既吃到蛋糕，又拥有蛋糕。但是，如果蛋糕被证实是"坏"的，那么他要么会吐出来，要么会感到恶心。换句话说，他拒绝了它，没有咬它，这是因为它是坏的。这种类型的行为是口唇前期十分典型的特点。这一行为的特点是，只要客体自身表现为好的，其内容物就会被吞并，而只要它自身表现为坏的，就会遭到拒绝；但是，即便它看起来是坏的，他也不会试图去破坏它。与此同时，在剥夺条件下，即便不是有意的，孩子还是会产生焦虑，担心客体本身连同其内容物会被吞并而因此被毁灭。口唇后期的情境有所不同，因为在这一时期，只要客体自身表现为坏的，它就有可能被啃咬。这意味着客体可能会受到差异化攻击和力比多的影响。因此，矛盾心态的出现是口唇后期的典型特征。

　　如前所述，口唇前期在与客体的关系中产生的情感冲突显然是以"吮吸或不吮吸"的形式替代出现，即"爱或不爱"。这是潜藏在精神分裂状态之下的冲突。此外，口唇后期的典型冲突转化为"吮吸或啃咬"，即"爱或恨"。这是潜藏在抑郁状态之下的冲突根源。因此，我们会发现精神分裂个体最大的问题是如何去爱而不被爱所毁灭，而抑郁个体的最大问题是如何去爱而不被恨所毁灭。这是两个截然不同的问题。

　　当然，潜藏在精神分裂状态下的冲突比潜藏在抑郁状态下的冲突更具有毁灭性；且由于精神分裂反应比抑郁反应根源于更早的发展阶段，精神分裂个体比抑郁个体更不能处理冲突。正是由于这两个事实，在精神分裂症中发现的人格障碍比在抑郁症中发现的障碍程度更为严重。与口唇前期有关的冲突的毁灭性在于，对个体来说，如果用恨来毁灭客体看似是一件可怕的事，那么用爱来毁灭客体似乎就是更可怕的事。精神分裂个体的巨大悲剧就是他的爱似乎具有毁灭性；正是因为他的爱看似如此具有毁灭性，所以他在将力比多指向外部现实的客体时感到十分困难。他变得害怕去爱，因此他在客体与自身之间设置障碍。他往往与客体保持距离，使自己疏离它们。他拒绝客体，并从他们身上撤回力比多。这种力比多的撤回可以是任何程度的，可以让他断绝与其他人的任何情感接触和身体接触，甚至可以让他放弃与外部现实所有力比多的联系，对周围世界的一切失去兴趣，并且感到任何事情都变得毫无意义。越是从外部世界撤回力比多，个体就越会将其指向内化的客体；个体撤回的力比多越多，他就变得越内向。顺便说一句，正是因为观察到了这种内倾过程是精神分裂状态发作的典型特点，我们才为"内倾者"本质上是精神分裂的这一结论提供了基础。精神分裂个体的价值本质上是在内部现实中被发现的，对他来说，内化客体的世界总是容易侵蚀外部客体的世界；而这种情况发生得越多，他越会失去其真实客体。

如果失去真实客体是引起精神分裂状态的唯一创伤的话，那么精神分裂个体的处境就不会那么岌岌可危了。然而，我们必须牢记伴随失去客体而产生的自我变化。前面已经提到了自恋，它源于对内化客体的过多力比多投注；而这种自恋是精神分裂个体格外典型的特征。伴随着这种自恋，我们总是会发现一种优越感，这种优越感可能会在意识中表现为不同程度的实际的优越感。然而，我们应注意到这种优越态度是基于对内化客体的指向的；而关于外部现实世界的客体，精神分裂个体的基本态度本质上是自卑的。诚然，指向外部的自卑可能掩盖在优越的外表之下——优越是以对内化客体的外部认同为基础的。然而，自卑态度总是会出现，它是自我软弱的证据。就精神分裂个体而言，威胁自我完整性的主要危险是伴随着力比多的客体指向而出现的那种明显无法解决的两难困境。当然，无法将力比多指向客体就等同于失去客体。但是，由于从精神分裂个体的视角来看力比多本身似乎是具有破坏性的，所以将力比多指向客体也意味着失去了客体。由此,我们很容易理解这一点:如果该困境变得足够明显,那么其结果就会是一个僵局,这会把自我折损到一种完全无力的状态。一旦自我变得完全不能抒发己见,其真正的存在也就受到了损害。我的一位患者在分析会谈时所说的话就是很好的例证:"我不能说任何事。我无话可说。我已经空了。我没有任何事……我觉得自己很无用;我没做过任何事……我已经完全冷漠和僵硬了;我没有任何感觉……我不能抒发己见;我感到徒劳。"这些描述不仅很好地展示出自我可以被折损至无力的状态,还表明精神分裂的困境可能在何种程度上危害自我的存在。当我们注意到精神分裂状态的典型影响时,上面引述的患者的话也许尤其重要,因为精神分裂状态的典型影响无疑是让患者产生无用感。

这里可以提及的其他精神分裂现象包括损耗感、非现实感、强烈的自我意识和一种旁观自己的感觉。这些现象合在一起,清楚地表明自我已经发生了实际的分裂。这种自我分裂必须被视为比前面提及的自我的无力和贫乏更加根本的现象。然而,力比多从外部客体撤回不仅加剧了分裂对患者的影响,而且似乎加剧了分裂本身的实际程度。这一事实尤为重要,因为它证明了自我的完整性在很大程度上取决于客体关系,而不是力比多态度。

在急性精神分裂状态中,力比多从客体关系中撤回可能会达到这样的程度,即从意识领域(心理的一部分,可以说最接近客体)撤回到潜意识领域。当这一情况发生时,其影响仿佛是自我本身撤回到潜意识之中;但是实际的心态似乎是当力比多从自我的部分意识领域撤回时,自我的潜意识部分只剩下作为一个正常运作的自我的行为了。在极端病例中,力比多似乎至少在某种程度上被撤回到自我的潜意识部分,而留在表面的仅是克雷佩林曾在他对早发性痴呆的最后阶段的描述中让我们熟悉的那个场景了。"是否可以适当地将这种力比多的大量撤回归因于压抑？"是一个有争议的问题，尽管这一过程被限制为从客体关系中撤回，但它给人的印象就是如此。至少我从一个非常聪明的患者那里得到了证据：在他身上发生了相当广泛的力比多撤回，其影响"感觉上非常不同于"简单的压抑。然而，毫无疑问，力比多从自我的意识部分中撤回具有缓解情绪紧张与减轻轻率行为的剧烈爆发的危险的作用。在刚刚提到的患者身上，在一次剧烈爆发之后，他的确发生了撤回。同样毋庸置疑的是，精神分裂个体的焦虑在很大程度上是对这种爆发的恐惧。这种恐惧通常表现为害怕发疯，或者害怕即将到来的灾难。因此，力比多的大量撤回很可能具有这样的意义，即一个被灾难威胁的自我部分通过压抑要求个体建立情感联系的基本力比多倾向，绝望地努力避免与外部客体的所有情感关系。当然，就精神分裂个体而言，这些倾向本质上是口唇性的。正当这种努力快要成功时，个体开始告诉我们他感到自己仿佛无关紧要，或者失去了身份，又或者仿佛死了，不复存在了。事实上，在放弃力比多的过程中，自我也放弃了维系它的能量形式；自我因此而迷失。失去自我感是最大的精神问题，精神分裂症个体通过利用一切可用的技术（包括过渡技术）来控制自己的力比多，不断地努力避免失去自我，无论能否成功。因此，精神分裂状态本质上不是一种防御——尽管我们可以发觉其中防御存在的迹象。它代表了那些在长大后无法超越口唇前期依赖的个体可能遭遇的主要不幸。

如果口唇前期的个体面对的重大问题是如何爱客体而使客体不被爱毁灭，那么口唇后期的个体面对的重大问题就是如何爱客体而使客体不被恨毁灭。相应地，既然抑郁反应根源于口唇后期，抑郁个体的最大困难就是处理他的恨而非爱。尽管这种困难是巨大的，但抑郁个体总算没有经历觉得自己的爱是坏的这种毁灭性的体验。因为他的爱至少看似是好的，所以他便保留了与外在客体维持力比多关系的固有能力，这在某种意义上是精神分裂症患者不具备的。在维持这一关系时，抑郁个体的困难是由他的矛盾心态所引发的，而这种矛盾心态起因于口唇后期。他比精神分裂的个体更能成功地用直接攻击（啃咬）代替简单的客体拒绝。尽管他的攻击已经出现分化，但他在某种程度上无法完成客体二分所代表的进一步发展。假如进一步的发展能够充分实现，那么他就能通过把他的恨指向被拒绝的客体来消除它；而他将留下相对来说不带有恨的爱指向他所接受的客体。只要无法达到这一步，抑郁个体就会保持那种具有口唇后期对待客体的态度特点的状态，即对被吞并客体的矛盾状态。就外部适应而言，这种内在情境要比精神分裂个体相应的内在情境更有力一些，因为对于抑郁个体来说，并没有强大的障碍阻止力比多的外流。抑郁个体易于与他人建立力比多联系。如果他的力比多联系令他满意的话，那么其人生的整个进程似乎是相当平稳的。然而，由于这种内在情境一直存在，他的力比多关系一旦受到干扰就容易被重新激活。这种干扰会立即调动他矛盾态度中的恨元素，而当他的恨指向内化客体时，抑郁反应就随之发生了。当然，任何客体关系的挫折在功能上都等同于失去客体，不管是失去部分客体还是整个客体。由于对实际失去客体（不管是所爱的人死亡还是其他）而言，严重抑郁是如此普遍的结局，我们必须将失去客体视为引发抑郁状态的根本创伤。

乍一看，前面的内容似乎无法解释身体受伤或生病后通常会出现抑郁反应这一事实。身体受伤或患病显然代表着失去，尽管事实上所失去的不是客体，而是个体自身的一部分。要是说这种失去（比如失去眼睛或肢体）代表了象征性的阉割，那就没有什么意义了，因为我们仍需要解释为什么一个通常由失去客体所引发的反应也会由失去部分肢体所引发。真正的解释似乎在于抑郁个体仍然保留着明显的对客体的婴儿般的认同状态。因此，对他来说，躯体损失在功能上就等同于失去客体。这种等同又因内化客体的存在而得到强化，可以说，该内化客体充斥着个体的躯体，并赋予其自恋的价值。

我们仍需要对更年期忧郁症（melancholia）现象加以解释。当然，许多精神病学家倾向于认为这种状态的病因完全不同于"反应性抑郁症"（reactive depression）。然而，这两种状态从临床角度来看有足够的相同之处，使我们有理由援引"如无必要，勿增实体"的原则。事实上，根据类似的原则解释这两种状态并不困难。从定义上来看，更年期忧郁症是与更年期紧密联系的，而更年期本身似乎就证明了力比多冲动的明显减退；然而，这不意味着攻击性也会相应减弱。力比多和攻击冲动之间的平衡由此被打乱了。这种平衡的打破与任何矛盾个体因失去客体而被激活的仇恨具有同样的影响。因此，在抑郁类型的个体身上，在客体关系方面，更年期与实际失去客体具有相同效果，其结果就是抑郁反应。更年期忧郁症的康复希望比反应性抑郁症更加渺茫，这并不难解释，因为在后一种情况下，力比多对于平衡的恢复仍是有用的，而在前一种情况下则是无用的。因此，更年期忧郁症被视为符合抑郁状态的一般特征，它迫使我们不必修改已设想的结论，即失去客体是潜藏在抑郁状态下的基本创伤。正如精神分裂状态那样，这种状态不是一种防御。相反，它是个体试图通过这些手段（包括过渡技术）保护自己的一种状态，就像那些可用于控制其攻击性的技术一样。它代表着个体在长大后未能摆脱婴儿依赖的口唇后期阶段，这可能是一个极大的不幸。

根据前文所述，我们发现自己面临着两种基本的精神病理性状态，每一种都起源于个体在婴儿依赖时期不能建立一种令人满意的客体关系。第一种状态，即精神分裂状态，是与口唇前期不尽如人意的客体关系相联系的；第二种状态，即抑郁状态，是与口唇后期不尽如人意的客体关系相联系的。然而，对精神分裂个体和抑郁个体的分析很清楚地显示出，在口唇前期和后期的客体关系不尽如人意时，如果之后客体关系继续不尽如人意的话，那么很可能会引发典型的精神病理症状。因此，我们必须认为精神分裂和抑郁状态主要依赖于退行性激活，它源自随后的童年期的口唇前期和口唇后期情境中。在两种情况下，创伤情境都是儿童觉得自己没有被真正地当作一个人来爱以及自己的爱不被接受。如果口唇前期婴儿的客体关系令人极度不满意的话，这种创伤就会由于如下想法而引发儿童的反应，即因为他自己的爱是坏的和具有毁灭性的，所以他得不到爱。这种反应为随后的精神分裂倾向奠定了基础。如果婴儿的令人极度不满意的客体关系发生在口唇后期的话，那么如下想法就会引发儿童的反应，即因为他的恨是坏的和具有毁灭性的，所以他得不到爱。而这一反应又为后来的抑郁倾向奠定了基础。当然，在任何特定的病例中，精神分裂倾向或抑郁倾向最终是否会导致实际的精神分裂或抑郁状态，在一定程度上取决于个体在以后的生活中需要面对的环境；但是最重要的决定因素还是在口唇期客体被吞并的程度。具有过渡阶段特点的各种防御技术（强迫、偏执、癔症和恐惧技术）都是为了解决客体关系中的困难和冲突而做出的尝试，也是吞并客体持续存在的结果。同样，我们可以将这些防御技术视为演变成用于控制潜在的精神分裂或抑郁倾向的不同方法。当出现精神分裂倾向时，这些方法就是用来避免因失去自我而最终导致的精神病理性灾难；而当出现抑郁倾向时，这些方法就是用来避免因失去客体而最终导致的精神病理性灾难。

当然，我们必须认识到，几乎没有一个人会如此幸运，能够在婴儿依赖的敏感时期里拥有完美的客体关系，或在此后的过渡时期能够这样。因此，没有人会完全摆脱婴儿依赖状态，或者免于某种程度的口唇固着；没有人能完全逃脱吞并其早年客体的必然性。我们可以推断出，每个人身上都存在着潜在的精神分裂倾向或潜在的抑郁倾向——究竟是精神分裂倾向还是抑郁倾向主要取决于婴儿客体关系的困难出现在口唇前期还是口唇后期。由此，我们就引入了这一构想，即每个个体都可归为两种基本的心理类型——精神分裂类型与抑郁类型。我们没有必要认为这两种类型具有现象学之外的意义。然而，一个不可忽略的事实是，遗传因素在决定这两种类型时可能发挥着一定的作用——先天的吮吸和啃咬倾向的强弱相对性。

这让我们想起了荣格关于心理类型的二元论。当然，在荣格看来，"内倾"和"外倾"代表了基本类型，而精神病理性因素并不是基本类型的构成因素。我的基本类型概念与荣格的有所不同——不仅因为我把两种基本类型分别描述为"精神分裂"和"抑郁"，还在于我认为精神病理性因素是构成这两种类型的根本因素。然而，还有另一种基本的心理类型二元构想比荣格的构想更接近我的构想——克雷奇默在《体格与性格》和《天才人物的心理学》两部著作中论述了这种构想，并据此提出"分裂气质"和"躁郁气质"两种基本心理类型。正如这些术语本身所表示的那样，他认为分裂气质的个体易患精神分裂症，而躁郁气质的个体易患躁狂抑郁症。由此，克雷奇默的结论与我的发现之间具有显著的一致性——与他不同的是，我的观点基本是通过精神分析方法得到的，因此这种一致性就格外引人注目。两种观点唯一的重大分歧在于，克雷奇默认为两种气质类型之间的差异本质上是基于体质因素的，并将精神病理化倾向归因于这种气质差异；而我的观点是，婴儿依赖时期精神病理性因素的出现至少在较大程度上促成了气质上的差异。然而，克雷奇默的观点与上面提及观点的充分一致性为我的结论提供了某种独立的支持，即精神分裂状态和抑郁状态代表了两种根本的精神病理性条件，与之有关的其他任何精神病理化过程都是继发性的。就精神病理化倾向而言，克雷奇默的观点还为如下结论提供了某种独立的支持，即可以根据潜在的精神分裂倾向和抑郁倾向的相对强度来对个体加以归类。

每种基本类型理论都不可避免地面临着"混合类型"的问题。克雷奇默坦率地承认混合类型的存在，他解释道，一种类型的发生概率是由两组对立的生物（也许是激素）因素的平衡所控制的，这两组生物因素可能会异常均衡。根据本文提出的观点，我们无须根据对立因素的平衡来解释混合类型的发生，而应根据发展时期固着的相对强度来解释。当客体关系问题明显表现在口唇前期时，精神分裂倾向就形成了；当客体关系问题明显出现在口唇后期时，其结果就是抑郁倾向的形成。然而，到目前为止，这些困难相当均衡地出现在两个阶段，我们可能会发现口唇后期的固着叠加在口唇前期的固着上。在这种情况下，更深层的精神分裂倾向潜藏在叠加的抑郁倾向之上。事实上，我们必须承认，即使是最"正常"的人也会在最深的层面上具有精神分裂的可能性。同样毋庸置疑的是，最"正常"的人在某些情况下也可能变得抑郁。同样，精神分裂症患者并不会完全免受抑郁的影响；抑郁症患者有时也会表现出一定的精神分裂特征。在特定的病例中，抑郁状态或精神分裂状态是否会出现，无疑在一定程度上取决于诱发因素是以失去真实客体的形式出现的，还是以其他某种形式的客体关系困难出现的。而当口唇前期和后期的固着较为均衡时，这可能就是决定性因素。然而，最重要的因素必定仍是退行的程度，这主要是由固着的相对强度决定的。归根结底，退行程度必定取决于个体的主要问题在于处理他的爱还是处理他的恨——肯定很少有人在处理爱时和在处理恨时所遇到的困难是相同的。

3 坏客体的压抑与重现（1943）

客体关系的重要性

　　弗洛伊德在其早期的精神分析思想中主要关注了冲动的本质和命运——这一事实在其著名的性欲理论构想中清楚地得到了说明。现代精神病理学基本上是建立在冲动心理学的基础之上的。弗洛伊德的性欲理论是精神分析思想大厦的基石之一，尽管这一理论在亚伯拉罕基于发展的考虑而进行修改之后才被普遍接受。然而，弗洛伊德的本意并非传达这种印象，即一切精神病理学难题都只能根据冲动心理学加以解释。在其后期的思想中——《自我与本我》出版之后——他的注意力主要指向了自我的成长和变化。由此，自我发展心理学就叠加在了已建立的冲动心理学之上；但无论自我心理学随后在精神分析学中经历了怎样的发展，潜在的性欲理论相对来说仍然是不容置疑的。这是我最近感到非常遗憾的一种情况。不幸的是，目前的场合不容许我考查得出这一观点的依据。我必须说，临床和心理治疗对我的影响不亚于理论对我的影响。然而，我的观点可以一言以蔽之。在我看来，过去的精神病理学研究先是集中于冲动，后来集中于自我，而现在应集中于冲动所指向的客体。更确切地说，客体关系心理学的时机已经成熟了。梅兰妮·克莱茵的研究已经为这种思想的发展奠定了基础；事实上，只有基于她的内化客体概念，客体关系研究才有望为精神病理学带来重要成果。从我现在采取的观点来看，心理学可以说是一门研究个体与其客体之间关系的学科，而类似地，精神病理学可以说是一门更具体地研究自我与其内化客体之间关系的学科。这一观点在《人格中的精神分裂因素》一文中已得到初步阐述。

在前文得出的结论中，有两个影响最为深远：（1）与客体关系相比，力比多"目的"是次要的；（2）力比多努力的最终目标是与客体之间的关系而非冲动的满足。这些结论涉及对经典性欲理论的彻底重塑。我现在要做的就是思考"力比多本质上是面向客体的"这一观点对经典的压抑理论有什么影响。我们很难夸大这一任务的重要性，因为弗洛伊德在1914年说过的一句话至今依然正确："压抑学说是整个精神分析结构赖以存在的基石。"（尽管我更愿意看到"理论"取代"学说"。）

被压抑物的本质

值得注意的是，在弗洛伊德的早期思想中，当他将注意力主要指向有关冲动的性质和命运问题时，其关心的基本上是被压抑物。当他在《自我与本我》中把注意力转向有关自我的本质和成长问题时，他又有意地把关心的问题从被压抑物转向了压抑的动因。如果说力比多（其实通常是"冲动"）本质上是指向客体（而非指向快乐）的，那么我们现在就应该把注意力再次转向被压抑物的本质。因为弗洛伊德在1923年指出："病理学研究已经把我们的兴趣过多地集中于被压抑物了。"如果这句话有道理的话，那么我们也可以说，现在我们的兴趣太过集中于自我的压抑功能了。

弗洛伊德在《自我与本我》中讨论自我的压抑功能的过程时，做了如下声明："我们知道作为一种规则，自我在服务超我以及超我的命令下进行压抑。"如果客体关系正如我认为的那样至关重要，这句话就具有特别重要的意义。如果正如弗洛伊德所言，超我代表了"本我最早的客体选择留下的沉淀物"，那么这种内在心理结构本质上就必须被视为内化的客体——它与自我之间存在着一种关系。正如弗洛伊德指出的那样，这种关系以认同过程为基础。当然，自我确实很少完全认同超我；但就其存在而言，压抑必须被视为自我与被接受为"好的"的内化客体之间关系的一种功能。在这一点上，我不得不承认，前文所引用的弗洛伊德的话是我故意从其句子中挑出来的一个短语，以便表明我的观点。众所周知，从上下文中挑出一部分来引用往往是具有误导性的。我要为自己的"断章取义"负责，赶快做出纠正。完整的句子是："然而，超我不仅仅是本我最早的客体选择留下的沉淀物，它还代表着一种反对那些选择的积极的反向作用。"从引文来看，自我与内化客体之间的关系是否可以用自我与超我之间的关系来详尽描述，现在变得令人怀疑。我们会注意到，无论是强烈认同／自我屈从于超我的要求，还是较少认同／自我违抗超我的要求，超我对自我来说都是"好"客体。由此产生的问题是，是否也存在"坏"的内化客体能让自我在不同程度上与之认同。梅兰妮·克莱茵的研究无疑证明了这样的"坏"客体存在于人的心灵之中。因此，以客体关系为基础的心理学要求我们做出推断，如果压抑动因的线索在于自我与"好"的内化客体的关系中，那么被压抑物的本质的线索将存在于自我与"坏"的内化客体的关系中。

回想弗洛伊德对压抑的最初阐述，他将被压抑的记忆描述为"由难以忍受的记忆组成",并认为压抑为自我提供了一种防御手段。当然,弗洛伊德发现这种压抑指向的主要记忆本质上是性欲的。在解释为什么原本令人愉快的力比多记忆会变成令人痛苦的时,他采用了这样一种概念,即被压抑的记忆之所以令人痛苦,是因为它们是有罪的。为了解释力比多记忆为何是有罪的,他又使用了俄狄浦斯情境的概念。随后,他阐述了超我的概念,将之描述为一种压抑俄狄浦斯情境的手段,并把它的起源归咎于自我对于乱伦冲动的内部防御需要。根据这一观点,他认为被压抑物主要是由内疚冲动所组成的,还认为记忆的压抑是由于这些充斥着罪恶的记忆在后续的情境中发挥作用。根据之前提出的观点,我们发现了这样的问题:弗洛伊德早先关于被压抑物本质的概念是否更接近事实?记忆的压抑是否比冲动的压抑更为重要?现在我大胆地提出一个观点:主要被压抑的既不是难以容忍的有罪冲动,也不是难以容忍的不愉快记忆,而是难以容忍的坏的内化客体。记忆受到压抑,只是因为包含在这些记忆中的客体是与坏的内化客体联系在一起的;而冲动受到压抑,只是因为从自我的角度来看这些冲动促进了个体与坏的客体建立联系。实际情况似乎是:如果冲动指向坏的客体,那么它就变坏了;如果这些坏的客体被内化,那么指向它们的冲动也被内化了。因此,对内化的坏客体的压抑包含了对冲动的压抑。我们必须强调的是,被压抑的主要是坏的内化客体。

被压抑的客体

"压抑主要是指向坏客体的"这一事实一旦被认识到,就会呈现出一种明显的现象——在此之前,这种现象经常被忽视,且往往很难发现。曾经有一段时间,我经常给问题儿童做检查,令我印象深刻的是,那些曾遭受性攻击的儿童受害者不愿讲述他们遭受过的创伤经历。最令我困惑的一点是，越是无辜的受害者，其回忆的阻抗就越大。相反，我在检查那些实施过性犯罪的个体时从未遇到过类似的问题。当时，我觉得这些现象只能用这样一种假设加以解释：性侵犯的受害者之所以抵制创伤记忆的恢复，是由于自我放弃和压抑的性欲冲动意外得到满足所造成的负罪感，而性侵犯者则没有类似程度的负罪感，因此也没有类似程度的压抑。（尽管这种解释令人质疑，但在当时似乎是最可行的。）从我目前的观点来看，这似乎是不充分的。根据我现在的理解，性攻击的受害者之所以阻止创伤记忆的重现，主要是因为这种记忆代表了一次与坏客体的关系的经历。我们很难看到被侵犯的经历会给一个人带来多大的满足感——除非他是受虐狂。对于普通人来说，这种经历与其说是有罪的，不如说是"坏"的。它之所以让人难以忍受，主要不是因为它满足了被压抑的冲动，而是因为坏客体总是让人无法忍受，而个体永远无法心平气和地看待与坏客体的关系。

有趣的是，在孩子看来，与坏客体的关系不仅是难以容忍的，而且是可耻的。由此可以推断出，如果一个孩子以自己的父母为耻（这种情况经常发生），那么对他来说父母就是坏客体；我们必须从同样的方向来解释性侵犯的受害者为什么会因为被侵犯而感到羞耻。与坏客体的关系是可耻的，只有在这样的假设下我们才能得到令人满意的解释：在儿童早期，所有的客体关系都是以认同为基础的。①既然如此，接下来如果孩子的客体展现给他的是坏的，那么他自己也会产生坏的感觉。也可以说，如果儿童感觉很坏，那就意味着他拥有坏的客体；如果他表现得很糟，也是如此。

---

① 所有的客体关系起初都以认同为基础这一事实得到了弗洛伊德的承认，他说："在个体存在之初，在最早的口唇期中，客体投注与认同是很难区分开的。"这一主题实际上构成了我设想的修正的精神病理学的基础。

正是出于这一原因，一个有问题行为的孩子总会被发现其拥有（至少从孩子的观点来看）坏父母。在这一点上，还有一个极少被注意到的明显现象。曾经有段时间，我被派去为有问题行为的儿童做检查。即便是最无心的观察者也能大概感觉他们的家庭是坏的——例如，酗酒、争吵和身体暴力在那些家庭中占据主导。我记得只有在最罕见的情况下（当自我完全丧失和崩溃时），一个孩子才被诱导承认他的父母是坏客体——更不要说主动承认了。在这些病例中，孩子的坏客体显然已经被内化且受到了压抑。适用于有不良行为儿童的解释也适用于有问题行为的成人，还适用于精神神经症患者、精神病患者，以及表面"正常"的人。任何人在童年期都不可能没有被内化和压抑的坏客体。① 因此，内化的坏客体存在于我们每个人的心灵深处。一个人会成为问题行为者、精神神经质、精神病患者还是单纯的"正常人"，似乎主要依赖于三个因素：（1）坏客体被置于潜意识中的程度及坏的程度；（2）自我对内化的坏客体的认同程度；（3）保护自我不受这些客体影响的防御的性质和强度。

对坏客体的道德防御

如果问题行为儿童不愿承认父母是坏客体的话，那么他决不会承认自己是坏的，也不愿意这样做。很明显，孩子宁愿自己是坏的，也不愿拥有坏客体。我们有理由猜测他变坏的动机之一是为了让客体变成"好的"。在变坏的过程中，他实际上背负了属于客体的坏。他用这一方法试图清除

---

① 这似乎可以真正解释儿童对早年事件的大量遗忘这一类型的问题。我们发现，只有那些自我分裂的个体才不存在这种情况（如早期的精神分裂症患者，他们经常展示出非凡的重现早年创伤事件的能力，正如下文中引述的病例所展示的那样）。

客体的坏；而他做得越成功，就越会得到一种安全感的犒赏，这种安全感是好的客体环境所特有的。说儿童背负了属于客体的坏与说他内化了坏客体是一回事。由这一内化过程产生的外部安全感很可能会因为内化的坏客体的存在而受到严重损害。由此，外在的安全就以牺牲内在的安全为代价。他的自我会受到内部间谍或迫害者的支配，而不得不仓促地建立防御，随后费力地加固防御。

压抑是发展中的自我在竭力对付内化的坏客体时所采取的最初防御形式，它是最简单和最容易获取的。坏客体只是被驱逐到了潜意识之中。①只有当压抑不能充分抵御被内化的坏客体且开始让自我面临威胁时，自我才会调动和使用四种典型的精神病理性防御技术（恐惧、强迫、癔症和偏执）。然而，还有另一种形式的防御，它总是支持压抑的工作——现在我们必须对其加以关注——就是所谓的"超我防御"，也叫"内疚防御"或"道德防御"。

我已经说过儿童"自己背负了属于其客体的坏"，并在前文阐明，儿童把这个过程等同于对坏客体的内化。在这一点上，我们必须区分两种"坏"，我建议将它们描述为"有条件的坏"和"无条件的坏"。这里我应该解释一下，当我说"无条件的坏"时，我指的是"力比多角度的坏"，而当我说"有条件的坏"时，我指的是"道德角度的坏"。被儿童所内化的坏客体是无条件坏的，因为它们只是迫害者。如果儿童认同这些内部迫害者，或者（由于婴儿期的关系是建立在认同基础之上）他的自我与他们建立了关系，那么他也是无条件坏的。为了纠正这种无条件坏的

---

① 在解释患者的压抑过程时，我发现以下说法是很有用的：坏客体在某种程度上就像被掩藏在一道锁着的门后的心灵地窖中。患者不敢开启这道门，要么是因为害怕里面的骷髅，要么是因为害怕看到里面的魔鬼。

状态，他采取了一个非常明显的行动——内化了他的好客体，因此好客体就承担了超我的角色。一旦确立了这种情境，我们面对的就是有条件坏和有条件好的现象。只要儿童倾向于其内化的坏客体，他就变成了与内化的好客体（超我）相对应的有条件坏的；而只要他抗拒内化坏客体的吸引，他就会变成与他的超我相对应的有条件好的。显然，有条件的好比有条件的坏要更好一些；但是在缺少有条件的好时，我们会选择有条件的坏，而非无条件的坏。如果要问有条件的坏如何比无条件的坏更好一些，答案就是"在好的世界里做一个罪人，总好过生活在罪恶的世界里"。因为在好的世界里，一个罪人可能很坏，但他总能从"周围环境是好的"这一事实中获得某种安全感——"世界上的一切都很好"，无论如何总有赎罪的希望；而在罪恶的世界里，个体可能躲过了成为罪人的坏，但因为他周围的世界是坏的，所以他也是坏的，他可能没有安全感，没有赎罪的希望，只能等待死亡和毁灭。[1]

坏客体影响的动力学

在这一点上，值得思考的是坏客体对个体的影响力从何而来。如果儿童的客体是坏的，那么他怎么会内化它们呢？他为什么没有直接拒绝它们，就像他可能拒绝"坏"的玉米面布丁或"坏"的蓖麻油那样？事实上，儿童在拒绝蓖麻油时通常会感到非常困难，如果可以的话，他会拒绝它，但他没有机会那样做。这种情况同样适用于他的坏客体——无论他多

---

[1] 在深层分析过程中，患者在阻抗变弱、面对从潜意识中释放的坏客体的景象时通常会谈到死亡。我们应该始终牢记，从患者的立场来看，阻抗的维持表现为（字面上的）生和死的问题。

么想要拒绝它们，他都无法摆脱它们。它们将自身强加在他身上，而他不能抗拒它们，因为它们对他具有控制力。于是，为了控制它们，他被迫将之内化。但是，在试图以这种方式控制它们时，他是在内化那些在外部世界中业已对其施加影响的客体，而且在他的内心世界中，这些客体保持着威望。换句话说，他被它们所"控制"，无法脱身。然而，这还不是全部。儿童不仅内化他的坏客体，还试图控制它们——最重要的理由是他需要它们。如果儿童的父母是坏客体的话，那么即便他们没有将自身强加于儿童，儿童也不能拒绝他们，因为儿童不能没有他们。即便父母忽视儿童，儿童还是不能拒绝他们，因为如果他们忽视儿童，儿童就会更加需要他们。我的一个男性患者曾做过的一个梦很好地说明了儿童的主要困境。在梦里，他站在妈妈身边，他面前的桌子上放着一碗巧克力布丁。他饿极了，但他知道布丁里有致命的毒药。他觉得如果吃了布丁，就会被毒死，如果不吃布丁，就会被饿死。这就是问题所在。结局是怎样的呢？他吃了布丁——由于饥饿难耐，他吞并了有毒的乳房内容物。根据这一梦境，我们惊讶地发现，该患者的症状之一是担心他的身体会被肠道内的毒素毒死，这种毒素严重影响了他的心脏，以至于有心衰的危险。而真正透露他的心脏出现问题的是另一个梦——他梦见自己的心脏被放在盘子上，他的母亲用汤勺盛起了它（在吃它）。正是因为他把母亲内化为一个坏客体，他才觉得心脏感染了致命的疾病。虽然对他来说母亲是坏客体，但他内化了她，因为身为儿童的他需要母亲。对孩子来说，无论父母看起来多么坏，孩子对父母的需要都会迫使他将他们内化；正是由于这种需要在潜意识中仍依附在父母身上，他才不能使自己失去他们；这种需要赋予他们对其实际的控制。

内疚：一种指向坏客体的释放的防御手段

下面我们将注意力再次转向道德防御问题。这种防御的本质特征（实际上也是基本目的），是将儿童被坏客体所包围的最初情境转变为一种新的情境，在新的情境中，他的客体是好的，而他自己是坏的。当然，由此产生的道德情境隶属于比最初情境更高的心理发展水平，这一水平是典型的"文明化"水平。正是在这一水平上，超我产生了作用，并和自我发生相互作用。这是一个只可以用内疚和俄狄浦斯情境来进行分析解释的水平——心理治疗似乎通常就是在这个水平上进行的。认为心理治疗只能在这个水平上进行是不可取的，因为从此前的论证中我们可以清楚地看出，内疚现象必须被看作（当然是从严格的精神病理学角度上）具有防御的性质。内疚在心理治疗中发挥了阻抗的作用，因此，从内疚的角度来进行分析解释实际上可能助长了患者的阻抗。显然，更为强制性和道德化的心理治疗形式必定具有这种效果，因为一位强制性和道德化的心理治疗师会不可避免地成为患者眼中的坏客体或超我形象。如果对患者来说他只是变成一个坏客体，那么患者很可能会带着加重的症状离他而去。然而，如果他变成了患者的一个超我形象，通过支持患者的超我来强化压抑，那么患者的症状可能会暂时得到改善。可以预料，大部分具有分析意识的心理治疗师都会把目标定为减轻患者超我的严苛性，从而减少其内疚和焦虑。这种努力总会收获不错的治疗效果。我不禁感到这些结果必定可以（至少是部分地）归因于如下事实：在移情情境中，患者被给予了一个现实中从未有过的好客体，并因此被置于一种风险情境中，冒险从潜意识中释放出内化的坏客体，从而消除对这些客体的力比多投注——尽管他也会被引诱，利用与分析师之间"好的"客体关系作为防御来抗拒这一风险。过多地在内疚或超我水平上进行分析很容易产生消极的治疗反应，因为消除患者的内疚防御可能伴随着压抑的补偿性增加，使阻抗难以克服。现在，在我看来毫无疑问的是，阻抗的最深层根源是害怕从潜意识中释放坏客体。因为当释放这些坏客体时，患者周围的世界就变得充满了坏人，这对他来说太恐怖而难以面对。正是由于这一事实，接受分析的患者是那么敏感，其反应也是那么偏激；也正是由于这一事实，我们必须不遗余力地寻找对"移情神经症"的解释。与此同时，在我看来毫无疑问的是，从潜意识中释放坏客体是心理治疗师应为自己设定的主要目标之一——即使要以严重的"移情神经症"作为代价。因为只有当内化的坏客体从潜意识中释放后，我们才有希望解除对它们的力比多投注。然而，对患者来说，只有当分析师被确定为一个足够好的客体时，他才能安全地释放坏客体；否则，由此导致的不安全感可能是无法忍受的。在我看来，在一个令人满意的移情情境中，我们只有谨慎地在内疚或超我水平上进行解释，才能促进对坏客体的最佳治疗性释放。尽管这样的解释可能会减轻内疚，但实际上也可能会加强对内化坏客体的压抑，而导致对这些客体的投注无法被消除。①我深信，一切精神病理化过程的根源都应追溯到这些坏客体而非超我的领域中。可以说，心理治疗师是"驱魔人"的真正传承者，他不仅关心着"原罪救赎"，还关心着"驱除邪恶"。

邪恶的协议

此时此刻，我必须抵制诱惑不去着手研究如何"驱除邪恶"。如果我

---

① 内疚的减轻可能会伴随着压抑的加剧，想要对这一事实做出令人满意的解释，我们只能求助于已有结论，即超我防御和压抑是不同的防御。

有理由认为我们必须在内化的坏客体领域而不是内化的好客体领域（超我的领域）奠定精神病理学的基础，那么这样的研究会既有益又有趣。遗憾的是，目前的情况不允许这一有趣的离题，但是我不能不提醒那些想寻找睡前好故事的读者注意弗洛伊德那篇题为《17世纪魔鬼学神经症》的精彩论文。我们发现文中有一段中肯的精神分析评注，记述了一位贫穷的艺术家克里斯托弗在因父亲之死而促发的忧郁状态中与魔鬼签订了一个协议。从基于客体关系的精神病理学视角来看，协议的签订极好地展示出精神神经症患者和精神病患者在失去坏客体时所遭遇的困难。弗洛伊德明确地告诉我们，魔鬼与克里斯托弗已故的父亲密切联系在一起。值得注意的是，只有在调用好客体的帮助时，克里斯托弗的症状才得以减轻，直到他用为上帝服务的庄严誓言取代他与魔鬼之间的协议之后，他才从旧病中解脱出来。这大概是道德防御的胜利。但是弗洛伊德在注释中没有公正地对待治疗的意义，就像没有公正地对待疾病的意义那样（疾病的意义在于这个可怜的画家被坏客体所"支配"）。弗洛伊德无疑是正确的，他在论文的引言中写道："虽然'严格'的科学时代重视躯体意识形态，但这些黑暗时代的魔鬼理论终究证实了自己的合理性。被魔鬼控制的病例对应于今天的神经症。"然而，弗洛伊德所提到的主要观点因他的如下补充表述而变得模糊："在那个时代，我们认为是恶灵的东西，是基本的、邪恶的愿望，是被拒绝和被压抑的冲动的衍生物。"这一评论反映出"力比多本质上是寻求快乐的"这一经典概念体系是不充分的，因为与魔鬼订立协议的全部意义在于它涉及与坏客体的关系。这一点在克里斯托弗的合约中表现得非常明白。可悲的是，他在极度沮丧时向魔鬼寻求的不是能够享受美酒、女人和歌曲，而是许可——引用协议本身的话来说就是"在其身边，恰如其身之子"。他出卖灵魂所要换得的不是满足，而是一位父亲，尽管在童年时代父亲对他来说曾是坏客体。在他父亲活着时，他在童年期内化的坏父亲形象的邪恶影响显然得到了父亲本身的某些补偿特征的修正；但在父亲死后，他任由内化的坏父亲所摆布，要么被他拥抱，要么被他抛弃而缺少客体。①

对坏客体的力比多投注成为阻抗源

前文已经提到了我试图重塑性欲理论以及令我做出这种尝试的考虑。在我看来，对该理论进行重新诠释是当务之急，因为如今在精神分析思想领域中，该理论非但没有带来发展的动力，反而失去了它的有效性，实际上起到了刹车的作用。该理论的最初形式可能显示出了诸多误导性，而克里斯托弗的病例提供了极好的机会来说明这种误导性，这对压抑概念产生了重要影响。经典性欲理论无疑暗示，力比多在由性欲区所决定的活动中义无反顾地寻求着自我表达，如果它总是无法成功的话，那么它只能通过某种方式的抑制，最终通过压抑，而被阻止。根据这一观点，被压抑的力比多就算要显现的话，也只能通过伪装——要么以症状或升华的形式，要么以一种由性格形成决定的方式（以一种介于升华和症状之间的交叉形式）——来实现。进一步来说，根据这一观点，任何此类表现所实际采取的形式都将由最初性欲区目标的性质所决定。然而，如果力比多本质上是寻求客体的，那么它会采取最容易获得客体的方式，而这种方式的主要决定因素不是由依赖区域起源的任何假定目标。根据这一观点，性欲区的意义就还原成了力比多可以寻求客体的可用渠道。同样，力比多表达的阻碍

---

① 我的意思不是说克里斯托弗对于父亲的攻击愿望的内疚在他的抑郁症中没有起到任何作用；但是从病原学角度来说，它的作用无疑是次要的。

在很大程度上会归因于抑制了客体寻求。当客体被内化和压抑时，一种特殊的情境就出现了——力比多要寻求一个被压抑的客体的情境。我们不必强调这一事实对于自恋概念的意义，而需要注意一个现象：力比多实际上与压抑的运作方向是一致的。被压抑的客体迷惑了力比多；由于被压抑客体的引诱，力比多因自身寻求客体的冲动而陷入压抑状态。于是，当该客体是被压抑的客体时，客体投注就起到了阻抗作用。分析治疗中的阻抗不仅具有压抑的动因，而且得到了力比多本身的动力性质的维持。这一结论与弗洛伊德的陈述相矛盾，他在《超越快乐原则》中说："潜意识，即被压抑的素材，不会对任何治疗努力做出阻抗。事实上，它没有其他目的，只是要强行冲破压在它身上的压力，从而进入意识，或借助某些实际行为来释放。"尽管如此，这个结论还是从"力比多本质上是寻求客体的"这一观点中得出。它还具有一个特殊优势，那就是可以进一步解释消极治疗反应的本质。现在看来，其意义在很大程度上源于"只要客体是一个被压抑的客体，那么力比多目的与治疗目的之间就存在直接冲突"。简言之，消极治疗反应涉及力比多拒绝放弃其被压抑的客体。即便没有出现消极的治疗反应，我们也必须按照这一思路不遗余力地寻找对于极端顽固性的阻抗的解释。对分析师来说，相对于克服患者对其被压抑的客体投注而言，真正克服压抑本身似乎成了不那么棘手的任务——前者是一种更难克服的投注，因为这些客体是坏的，他害怕它们会从潜意识中释放出来。既然如此，我们可以假设，在20世纪的诊室里对可怜的克里斯托弗进行分析治疗会被证明是一项有些艰巨的任务。我们可以肯定，要解除他与魔鬼的协议绝非易事，而且不难想象在其病例中会出现顽固的消极的治疗反应。在促进解除对内化的坏客体的投注时，对于好客体的诉求是不可缺少的因素，道德似乎就在于此,而移情情境的部分意义就源于这一事实。①

对坏客体投注的解除

由前推知,分析技术的目标应是:(1)能够让患者从他的潜意识中释放被"埋藏的"坏客体,这些坏客体最初似乎因不可或缺而被内化,且因无法被容忍而被压抑;(2)促进力比多联系的解除——患者通过这些联系依附于迄今为止不可或缺的坏客体。关于技术因素对实现这些目标的影响,我们似乎需要牢记以下几点原则:(1)应根据客体关系(当然包括与内化客体的关系)而非根据满足来解释情境;(2)患者的力比多追求最终是由客体的爱所决定的,因此,即使它表面上不是"好的",本质上也是"好的";(3)力比多的"坏"应该与对坏客体的投注有关;(4)应该把"内疚"情境与对"坏客体"情境的解释联系起来;(5)从攻击性的角度进行解释时应谨慎,但或许抑郁症患者是例外,因为他们对分析技术提出了一种特殊难题。②

坏客体的精神病理症状的重现

自相矛盾的是,如果说治疗技术的目的是促进被压抑的坏客体从潜

---

① 有趣的是,这篇论文完成之后,我的好几位患者也十分明显和自发地涉及了与"魔鬼订协议"的主题。

② 根据攻击进行解释容易造成不愉快的影响,令患者觉得分析师认为他很"坏"。在任何情况下,随着被压抑的客体被释放,它们也变得不那么必要,因为在这种情况下,患者的攻击已经表现得很明显了。随后分析师的任务就是要向患者指出潜藏在其攻击背后的力比多因素。

意识中释放出来的话，那么驱使患者最初来寻求分析帮助的典型动力也正是对这种释放的恐惧。从其症状来看，患者有意识地想要得到解脱——很大一部分精神病理症状的本质在于防止"被压抑物的重现"（被压抑的客体的重现）。然而，通常只有当患者的防御变得薄弱而不足以保护他免受因被压抑客体可能释放而产生的焦虑时，他才会被迫寻求分析帮助。从患者的视角来看，分析治疗的效果恰恰是助长他试图逃避的情境。[①]移情神经症现象在某种程度上涉及防御被压抑的坏客体的释放，还在某种程度上是对被压抑的坏客体的释放的一种反应。在分析治疗中获得的这些被压抑的坏客体的释放不同于这些坏客体的自发释放。由于它是一种由分析师所控制的释放并得到了由移情情境所赋予的安全保护，所以最终产生了治疗效果。对患者来说，这种细微的差别在当时是很难察觉到的；但他很快就会意识到自己是通过以毒攻毒的手段而被治愈的。只有当被压抑的坏客体开始不再令他恐惧时，他才真正开始察觉到心理免疫法的疗效。这里还应指出，我所说的被压抑的坏客体的释放绝不等同于内化的坏客体的主动外化，后者是偏执技术的典型特征。[②]我特别要提到的现象是坏客体从受压抑的联系中逃脱出来。但当这种坏客体的逃脱发生时，患者会发现自己面临着从未意识到的可怕情境。于是，外部情境对他来说具有了被压抑情境的意义，涉及与坏客体的关系。因此，这种现象不是投射现象，而是"移

---

① 我的一位女患者的梦很好地说明了这点。梦中，她看到父亲的一位朋友在地里挖土。当她的目光落在一处断面时，松软和纤维质的地面引起了她的注意。她走近一看，惊恐地看到一群老鼠从根和纤维之间的缝隙中爬出来。无论这个梦代表了什么，它必定代表了分析治疗的影响。那个男人在地里挖掘就是我在她的潜意识中挖掘，老鼠代表了我的挖掘已经释放了被压抑的坏客体（实际上当然是阴茎）。

② 偏执技术不像我们通常设想的那样在于投射被压抑的冲动，而是在于以迫害者的形式投射被压抑的客体。

情"现象。

坏客体的创伤性释放——特论军队病例

在战时军人患者身上，我们很容易观察到被压抑客体自发的、精神病理性的（对应于诱导和治疗性的）释放，从而进行大规模的研究。在此我要补充的是，当我提到被压抑客体的"自发"释放时，并不是要排除现实中诱发因素的作用。相反，这些因素的作用似乎是极为重要的。现在的情况似乎是，涉及内化的坏客体的潜意识情境很可能会被外部现实中的任何情境激活，而外部现实中的任何情境都符合一种模式，这种模式使它在潜意识情境中具有重要的情感意义。我们必须根据创伤情境来看待外部世界中的这些诱发情境。当然，依据内心状态中的经济学和动力性因素，情感的强度和特异性要求提供的外部情境创伤会有所不同。在军人病例中普遍存在一种由炸弹或炮弹爆炸的冲击波产生的创伤情境，或者是与汽车有关的交通事故引发的创伤情境——与任何脑震荡问题无关。受困在被鱼雷击中的军舰船舱中，看到平民避难者被机枪从空中扫射或在拥挤的集市被炮击，为了逃命不被俘虏不得不掐死敌军的岗哨，被高级军官欺负，被指控为同性恋，以及被拒绝因妻子分娩而获得事假离队回家——所有这些都是从我注意过的创伤情境中随意选取的例子。在很多病例中，战时的军队生活本身就构成了一种创伤经历，它的性质近似于创伤情境，而且这种创伤情境的性质可以被赋予军队生活中的某些小事件。值得注意的是，战时的精神神经症和精神病士兵如此普遍地抱怨"我受不了别人对我大呼小叫"或"我吃不下军队的食物"。（通常会附带一句话："我能吃我妻子为我煮的任何东西。"）这种创伤情境和创伤经历在释放潜意识中的坏客体方面起到了很大作用，这在军人患者的战时梦境中得到了最好的证明。正如预料的那样，这些梦中最普遍的就是被敌人追赶或枪击，以及被敌机（通常被描述为"大的黑色飞机"）的炮弹击中。然而，坏客体的释放也有可能以其他方式体现出来，如被巨大重物碾碎的噩梦，被某人扼死的噩梦，被史前动物追赶的噩梦，被魔鬼惩罚的噩梦和被军长训斥的噩梦。这些梦的出现有时伴随着被压抑的童年记忆的重现。我遇到过的最典型的病例之一是一个精神变态的士兵，他在应征入伍后不久就陷入了精神分裂的状态，随后他开始梦见史前怪物、形状怪异的东西和瞪大的眼睛，这些东西直接烧穿了他的身体。他的行为变得非常幼稚；与此同时，他的意识中充斥着大量被遗忘的童年记忆，其中他尤其专注于自己坐在车站月台上的婴儿车里看见母亲带着哥哥进入一节火车车厢的记忆。实际上，母亲只是送他哥哥离开，但患者形成的印象是母亲也在离开的火车上，并因此把他遗弃了。这是一段对遗弃他的母亲的被压抑的回忆，这段回忆的重现无疑代表了从潜意识中释放坏的客体。在他向我讲述这段记忆的几天后，他的一家商店被炸毁了；他获批一天时间去处理此次事件引发的事务。当他看到炸毁的商店时，他体验到了精神分裂的超脱状态。但那晚在家睡觉时，他觉得自己仿佛被掐住了脖子，且具有想要毁掉房子、杀死妻子和孩子的强烈冲动。他的坏客体报复性地回来了。

重复性强迫的注释

谈到战时创伤情境在诱发士兵精神病理症状方面的作用，我们自然会回想起弗洛伊德在《超越快乐原则》中关于创伤神经症的论述。然而，如果本文中表述的观点有充分根据的话，那么我们就无须"超越快乐原则"

或假定一个最初的"重复性强迫"用于解释创伤情境在其精神生活中的持续存在。如果这是真的，那么力比多就是寻求客体的，而非寻求快乐的，当然也就不用超越快乐原则了。除此之外，我们不需要用任何重复性强迫来解释创伤情境的重现。如果创伤情境的影响是从潜意识中释放坏的客体的话，那么我们将要面临的难题就是患者如何才能远离这些坏的客体。[①]事实是，他被这些客体所纠缠——由于它们是由创伤事件所表达的，他也被创伤事件所困扰。当治疗没能有效解除对其坏客体的投注时，患者只有通过压抑的方式再次将坏客体放逐到潜意识之中，才能够解除这些纠缠。这是"驱除魔鬼"的常用方式，这一点在某些士兵的态度中是很明显的——他们的创伤记忆在梦中未消失，但在清醒生活中已经消失了。我询问过其中一位士兵的经历，他的说法非常典型："我不想谈论这些事情。我想回家，把这一切都忘掉。"

对"死本能"的注释

弗洛伊德关于重复性强迫的观点也适用于其"死本能"概念。如果力比多真的是寻求客体的，那么"死本能"这一概念似乎是多余的。我们已经看到，力比多不仅依恋好客体，还依恋坏客体（以克里斯托弗与魔鬼的协议为证）。此外，我们也已看到，力比多可以依恋已被内化和压抑的坏的客体，如此，它与坏客体的关系要么是施虐性质的，要么是受虐性质的。因此，弗洛伊德在"死本能"范畴中所描述的内容似乎在很大程度上代表着与内化的坏客体的受虐关系。与内化的坏客体的施虐关系也呈现出

---

① 弗洛伊德将重复性强迫的表现描述为不仅具有本能的特征，而且具有"魔鬼"的特征，这绝非巧合。

"死本能"的样貌。事实上，这种关系通常是一种施虐—受虐性的，且偏向于受虐的一方；但是无论如何，它们本质上都是力比多的表现。我的一位患者就是很好的例证，她因被阴茎形式的坏客体所纠缠而前来就诊。有一天，乳房开始和阴茎竞争纠缠她的坏客体的角色。后来，坏客体变成了怪诞的形象——显然是乳房和阴茎的化身。再后来，怪诞的形象又被魔鬼的形象所取代，继而被她父母角色的多种形象所取代；最终，这些形象依次被她父母的显著形象所取代。正如她总是描述的那样，"它们"似乎禁止她在死亡的痛苦中表达任何情感。她总是说："如果我流露出任何情感的话，他们就要杀了我。"值得注意的是，随着移情情境的发展，她也开始乞求我杀死她。"如果你对我有任何关心的话，你就应该杀了我，"她还哭着补充说，"如果你不杀我，就意味着你不在乎我。"对这一现象最好的解释似乎是，动因不是"死本能"的运作，而是力比多的移情，尽管力比多仍然停留在她与最初（坏）客体的受虐的关系情形中。

战争精神神经症和精神病

如果不对战时的精神神经症与精神病做最后说明的话，我们就很难结束本文的主题。我所遇到的军人病例让我坚信，造成士兵（水手、飞行员）精神崩溃的最主要原因是对客体的婴儿般的依赖。[①]我的经历也使我

[①] 事实上，这也适用于普通人病例——不仅在战争时期如此，在和平时期也如此；其实，我在1941年就提出，所有精神病理化过程都根源于一种婴儿般的依赖态度。当我开始看到大量的军人病例时，由于私下所见到的病例提供的素材，我得到了这一结论。我发现我的结论广泛、恰当地得到了证实。军人病例具有特殊的启发性，原因有二：（1）在这样的病例中，一个从狭窄领域中被观察到的现象可以在更广泛的领域中被观察到；（2）在战时军事条件下，我们可以在一个人为的与其客体分离的"实验"状态中观察大量的个体。

毫不怀疑军人崩溃的最明显特征就是分离焦虑。对战时的民主国家而言，军人的分离焦虑必定是一个特殊问题；因为在民主政体下，依赖性个体可能会发现在军队中没有东西能够替代他习以为常的客体（例如，军长被证实很难替代尽职的妻子）。而在极权主义体制下，通过之前所述的婴儿依赖性的剥夺，士兵很可能会产生分离焦虑，因为极权主义的一个作用正是令个体在不依赖于家庭客体的前提下依赖于政权。在极权主义者眼中，依赖于家庭客体实际上构成了"民主的退步"。然而，对于极权主义来说，只有在成功的情况下，政权对个体来说才是好客体；在失败的情况下，政权对个体来说就变成了一个坏客体。因此，分离焦虑的社会分裂效应在关键时刻显现出来。在失败或挫败面前，民主才具有优势，因为在民主制度下，个体很少依赖于国家，而较少受到作为客体的国家"好的"幻灭的影响。战败（只要不是毁灭性的）对家庭客体的威胁也为个人努力提供了动力，而这是极权主义政权所缺乏的。从群体心理学的视角来看，在极权主义制度下，对士气最大的考验来自失败之时；而在民主制度下，对士气最大的考验来自成功之时。

如果分离焦虑是士兵精神崩溃的一个最显著特征的话，那么从国家的角度来看，这种崩溃也具有另一种同样重要的特征；而我们只有根据前文提交的有关道德防御的本质才能适当地察觉到这种特征。读过弗洛伊德的《群体心理学与自我分析》一书的人都不会怀疑超我是决定群体士气的一个重要因素。超我除了为个体提供对于坏客体的防御之外，显然还履行了其他功能。最重要的是，正是由于超我的权威，将个体联合成一个群体的纽带才得以建立和维持。我们必须认识到，超我确实是作为一种对坏客体的防御手段而产生的。因此，坏客体的重现显然意味着压抑防御的失败；但它也意味着道德防御的失败和超我权威的瓦解。因此，在战争时期，崩溃的士兵会产生分离焦虑,并表现出这样一种情况,即要求他拿起武器报效国家的超我的吸引力被释放坏客体所激发的强烈焦虑所取代。因此,从现实角度来看,对他来说所发生的事情就是,军队不再履行超我的职能,并被还原为一个坏客体的形象。正是由于这一原因,那些患有精神神经症或精神病的士兵不能忍受军长的吼叫,也无法忍受军队里的食物。因为在他们眼中,每一个命令都等同于一个恶毒的父亲发出的攻击,厨房做出的每一勺"油腻"的菜肴都是来自恶毒的母亲乳房的毒药。难怪"战争神经症"患者如此顽固!在对患有精神神经症和精神病的现役军人有了一定的了解之后,我不得不说,"这些人需要的不是心理治疗师,而是福音传教士",因为从国家的角度来看,"战争神经症"问题与其说是心理治疗问题,不如说是群体士气问题。

4　客体关系视角下的心理结构（1944）

作为客体内化理论基础的客体关系心理学

我曾试图阐述一种新的性欲理论，并概述基于这一新阐述的系统精神病理学似乎具有的一般特征。我当时提出且现在仍旧坚持的基本构想大致是，力比多本质上是寻求客体的（而非经典理论中所说的"是寻求快乐的"），我们必须从发展中的自我的客体关系中寻找所有精神病理症状的根源。在我看来，这一构想不仅比蕴含在弗洛伊德最初的性欲理论中的那种构想更符合心理事实和临床资料，还代表了精神分析思想现阶段的逻辑成果，也是精神分析理论进一步发展的必要步骤。特别是，在我看来，它构成了具有启发性的内化客体概念的必不可少的含意，梅兰妮·克莱茵曾卓有成效地发展了这一构想，其科学起源却可追溯至弗洛伊德的超我理论（弗洛伊德认为超我是一种内心理结构，它起源于客体的内化）。

可以说客体的心理内摄，尤其是内摄客体在内部现实中的延续，本质上意味着力比多是寻求客体的，因为只有口欲冲动的存在本身并不足以解释这些现象所暗示的对客体的明显投入。如果俄狄浦斯情境有可能在潜意识中长期存在，就会产生类似的暗示。对客体的持续投注建构了这一情境的特殊本质。内化客体的构想是在未对性欲理论进行任何重要修正的情况下发展出来的，我们没有任何理由认为它是与性欲理论不相容的。弗洛伊德本人从未认为有必要对其最初的性欲理论重新做出系统化的阐述，即便在他引入了超我理论之后也是如此。在弗洛伊德的著作中有无数的段落理所当然地认为，力比多是专门寻求客体的。事实上，我们可以找到一些段落将这种隐含的观点明确化——例如，他在《文明及其不满》中简明地说道："爱寻求客体。"他在提到本能理论时写道："由此，首次出现了自我本能与客体本能的对比。为了后一种本能的能量，我专门采用了力比多这一术语；于是，在自我本能与指向客体的力比多本能之间就形成了对立。"正如弗洛伊德继续指出的那样，当他"引入自恋概念，即力比多是对自我本身的批判"之后，这两组本能之间的对立就废弃了。但是根据所引用的段落来看，声称"力比多本质上是寻求客体的"似乎并不是什么革命性的进步，特别是——如我此前论文中提出的那样——当我们将自恋构想为一种自我与客体认同的状态时。①

尽管如此，精神分析研究不断聚焦于客体关系，却没有改变最初的理论，即力比多本质上是寻求快乐的，以及与之相关的"心理过程是自动化的、由'快乐原则'自动调节的"构想（Freud，1920）。这一观点的延续曾引发了各种难题，其中最突出的难题就是弗洛伊德在《超越快乐原则》中寻求解决的问题，即精神病患者是如何紧紧抓住痛苦经历不放的。正是因为"快乐原则"难以说明这一现象，所以弗洛伊德要借助于"强迫性重

---

① 除此之外，在力比多本质上是寻求客体的与投注自我的力比多概念之间并没有任何必然的对立，因为总会存在自我结构的一部分把另一部分作为客体的可能性——根据下面关于自我分裂的论述，这种可能性不容忽视。

复"这一概念。然而，如果认为力比多本质上是寻求客体的，我们就无须采用这一暂时的观点。我在1943年的论文中试图说明该如何根据与坏客体的关系来解释这种牢牢抓住痛苦经历的倾向，并且尝试说明如果考虑到所有与坏客体的力比多关系的含义，那么我们该如何避免最初的"死本能"概念（对应于最初的攻击倾向这一概念）中的难题。

冲动心理学及其局限性

事实上，我现在采取的"客体关系"立场源自环境强加给我的一种尝试，是为了更好地理解那些表现出特定精神分裂倾向的患者（客体关系对其造成极大困难的一类人）所提出的问题。在此我冒昧地表述一个观点：精神分析研究在后期因太关注忧郁性抑郁问题而受到影响。在得出这个观点之前，我已对一般"冲动心理学"的局限性有了深刻印象，并有些怀疑所有本能理论的解释性价值。在本能理论中，本能被认为是本身就存在的。冲动心理学的局限性在治疗领域有非常实际的体现，因为通过细致的分析向患者揭示其"冲动"的本质是一回事，而让他知道如何处理这些"冲动"是另一回事。个体应该如何处理"冲动"，这显然是一个客体关系的问题，也是他自身人格的问题。但是，人格问题（体质因素除外）本身是和自我与其内化的客体之间的关系绑定在一起的。在这里，我更愿意说一说自我的各部分与内化客体的关系以及它们作为彼此的客体的关系。总之，"冲动"不能被看作是脱离内心结构和客体关系的，内心结构是充满能量的，而客体关系使这些结构得以建立；同样，"本能"不能仅仅被视为构成这种内在心理结构的动力的能量形式。

从实际的心理治疗的角度来看，抛开结构去分析"冲动"已被证实是一种非常无效的过程——对具有明显精神分裂倾向的患者来说更是如此。在这种情况下，或多或少地基于"冲动"这一术语的解释有助于释放出大量的联想（比如，以口欲虐待幻想的形式）。这些联想作为潜意识的表现形式给人留下了深刻的印象，而可以无限期地维持下去，不会朝着整合的方向发展，也不会带来任何重大的治疗发展。我们似乎可以这样对这种现象加以解释：自我（我更愿意称之为"中心自我"）除了作为记录者之外，并没有参与到所描述的幻想中。也就是说，当这种情境出现时，中心自我在包厢中袖手旁观，描述着在内心世界的舞台上表演的戏剧，却不参与其中。与此同时，作为重大事件的记录者，它从中得到了相当大的自恋满足，并将自己与作为观察者的分析师相提并论，还声称自己比单纯作为观察者的分析师更优越，因为它不仅在观察，而且还提供了观察的素材。这一过程实际上是防御技术的一大杰作——精神分裂症患者在最有利的情况下容易求助于该技术，但当分析师的解释过于纯粹地以"冲动"这一术语来表达时，这种技术对他们来说几乎是一种无法抗拒的诱惑。这一技术提供了最佳的手段，能让患者逃避核心治疗问题，即如何在现实环境中释放被称为"冲动"的动力负荷。这个问题显然是社会秩序中的客体关系问题。

冲动心理学的不足之处可以通过一个病例来说明，我现在的观点就是在这个病例的基础上形成的。这位患者是一名具有精神分裂特征的未婚女性，其主要临床表现为明显的恐惧和癔症症状以及广泛性焦虑，因此她的精神分裂特征并不明显。她被压抑的程度与未释放的高度力比多张力成正比。在会谈中，当这种力比多张力增加时，她时常抱怨感到恶心。这种恶心感无疑是一种移情现象，它以她对母亲和母亲乳房的态度为基础，以父亲和父亲的阴茎为中介——这些都是内化客体。她的联想从一开始就表现出大量的口唇素材，因而我们很容易根据口欲冲动对其进行解释。然而，她恶心的主要意义似乎并不在于这种反应的口唇性质，而在于该反应对她的客体关系所产生的影响：（1）对母亲乳房的力比多固着；（2）对其力比多需求客体的拒绝态度。当然，可以确定的是，其反应的口唇性质与其对生殖性欲的严重压抑有关。当她不止一次尝试提出她在性交中会很冷淡时，她很可能是对的，尽管这一推测的正确性从未得到检验。如果想理解她达到生殖态度时的问题，那么我们最好不要考虑任何口唇阶段的固着，而要考虑其对父亲阴茎的拒绝，这种拒绝源于将这一客体认同于坏乳房，以及先选择了乳房固着，而且会因其父亲作为整体客体在情感上的"坏"被引发。口唇态度涉及对客体较少的承诺和较多的控制，这一事实进一步加重了患者对生殖态度的偏见。在会谈时，这位患者时常会说"我要上厕所"。起初，这句话只是一种字面意义；但在后来的分析中，这逐渐意味着一种欲望，即她想要表达被移情情境所调动起来的力比多情感。这种现象的首要意义不在于以阶段来思考的"冲动"的性质，而在于其所涉及的客体关系的性质。就像"恶心"一样，"上厕所"无疑也意味着拒绝被视为内容物的力比多客体。然而，与"恶心"相比，它所意味的拒绝的程度会低一些。尽管两者都包含了力比多张力的排便释放，但"上厕所"所代表的被释放的内容是消化过的内容，这表明她在面对外部客体时更愿意表达力比多感情，即使缺乏对于客体的直接的感情释放；而直接的释放具有生殖态度的特征。

当然，心理学理论是否具有科学有效性不能仅仅根据心理治疗的成功或者失败来评定，因为我们只有精确地知道这些结果是如何取得的，才能评判治疗结果的科学意义。我们不能认为冲动心理学超越这一普遍原则。重要的是，关于精神分析，现在公认的是治疗的结果与移情现象紧密关联，即患者与分析师建立一种特殊的客体关系。另外，精神分析技术中公认的是，分析师应该表现出超乎寻常的谦逊态度。正如我们所知，分析师采取这种态度是有充分理由的；但从患者的角度来看，这种态度不可避免地会使患者与分析师之间的客体关系变得有些片面，从而导致阻抗。当然，在精神分析情境中，患者与分析师之间的关系难免会具有某种片面性。当分析师的谦逊态度与一种基于冲动心理学的解释模式结合在一起时，患者建立满意的客体关系的能力（这种能力必须被视为已经受到损害，因为患者终究是个病人）就会承受很大的压力。与此同时，患者面临着很大的诱惑去采取在其他防御中已提过的那种技术，即中心自我描述着在内心世界的舞台上的表演，既没有参与到表演中，也没有参与到与分析师的有效客体关系之中。我有一位曾精于此技术的患者，有一天，在全面、理智地描述了自己感觉处于冲动张力的状态之后，他对我说："好了，你打算怎么处理它？"作为回应，我解释说真正的问题是他自己要怎样处理。这一回答令他非常不安，而这一回答本身的真正目的正在于此。之所以会令他不安，是因为他突然面临着分析及其生活的现实问题。如上文所述，一个人如何处理冲动张力显然是一个客体关系的问题，但也是人格问题，因为客体关系必然涉及主体和客体。由此，客体关系理论不可避免地把我们引向这样一种立场：如果我们不能将"冲动"（无论是内部的还是外部的）与客体分开考虑，那么我们也不可能将它们与自我结构分开考虑。事实上，抛开自我结构来考虑"冲动"是更不可能的，因为只有自我结构才能寻求与客体之间的关系。因此，我们回到了已经提到的结论，即"冲动"只是内心结构的动力方面，没有这些结构就不能说它是存在着的，无论这些结构可能被证实是多么不成熟。最终，"冲动"必须被简单地视为构成自我结构的生命的活动形式。

结构心理学和结构的压抑

一旦明确了现已指明的立场，我们显然要义不容辞地重新回顾我们的心理结构理论。一个突出的问题是，我们在多大程度上可以不加修改地保留弗洛伊德以本我、自我和超我术语描述的心理结构。当然，一旦提出这个问题，首先引起怀疑的显然是本我的地位。如果在没有自我结构的情况下确实不能把"冲动"看作是存在的，那么我们将不可能再保持本我与自我之间的任何心理区别了。弗洛伊德认为自我的起源是一种在心理表层发展出来的结构，其目的是调节与现实相关的本我冲动。这将被一种新的观点取代，即自我从一开始就是冲动张力的来源。当然，这种观点把本我囊括在自我之中，没有从根本上改变弗洛伊德有关"自我"具有根据外部现实条件管理冲动张力释放的功能的构想。与之相关的一个观点是，"冲动"是指向现实的，因而在某种程度上从最初就是由"现实原则"所决定的。举例来说，儿童最早的口唇行为会被认为从一开始就指向了乳房。与此观点一致的是，快乐原则将不再被视为行为的首要和基本原则，而只被视为是行为的辅助原则。它涉及客体关系的恶化，并会随着现实原则的失效而开始发挥作用——无论是由于自我结构的不成熟还是由于它单方面的发展失败。于是，关于现实原则在多大程度上取代了快乐原则的问题就会变成关于最初不成熟的现实原则在多大程度上走向成熟发展的问题；而关于自我在服从现实的情况下调节本我冲动的能力问题就会变成关于产生冲动—张力的自我结构在多大程度上是按照现实原则组织起来的问题，或者是关于在没有按照现实原则组织起来的情况下在多大程度上以快乐原则作为组织手段的问题。

如果从一开始就认为"冲动"与自我结构密不可分的话，那么弗洛伊德所认为的"压抑是自我在处理源于本我的冲动时所实施的一种功能"这一观点又会变成怎样呢？我已在1943年的论文中考虑过我的客体关系理论对于压抑概念的影响，并提出了如下观点：压抑的主要作用不是针对那些痛苦或"坏"的冲动（如弗洛伊德的最终观点），甚至不是针对痛苦的记忆（如弗洛伊德的早期观点），而是针对那些被认为是坏的的内化客体。我仍然认为这一观点是正确的，但在其他某些方面，我对压抑的看法发生了变化。特别是，我逐渐认为压抑的实施不仅针对内化的客体（顺便提一句，我们必须将此视为内心结构，即便不是自我结构），还针对与内部客体寻求关系的"自我"部分。这里，读者可能会提出：既然压抑是"自我"的功能，这种观点就涉及自我压抑自己的反常现象。也许有人会问，怎么能把自我构想成压抑自我呢？对这一问题的回答是，虽然我们很难想象作为一个整体的自我会压抑自己，但不难想象负载动力的"自我"的一部分会压抑负载动力的"自我"的另一部分。当然，这与一组冲动压抑另一组冲动是完全不同的命题——弗洛伊德在阐述其心理结构理论时用充分的理由拒绝了这个观念。为了解释压抑，弗洛伊德不得不假定存在一个能发动压抑的结构——超我。朝着这一方向前进，下一步只能是提出存在着被压抑的结构。除了已提出的那些理论原因之外，提出这样的假设也有临床原因，其中最突出的就是在发生力比多"冲动"的"升华"时所遇到的问题。我们不能把这种困难解释为"冲动"本身固有的根深蒂固的"固执"，尤其是当我们开始把"冲动"视作自我结构控制的能量形式时。只有假设被压抑的"冲动"与具有明确模式的自我结构密不可分，我们才能得到令人满意的解释。多重人格现象证实了这一假设的正确性——被压抑的"冲动"与被掩盖的自我结构之间的联系是毋庸置疑的；我们可以在不太广泛的分离形式中发现这种联系，这也是癔症个体的典型特征。为了解释压抑，我们似乎不得不假设多重自我具有必然性。对于任何熟悉精神分裂症患者所表现出的问题的人来说，这应该都不是十分特殊的难题。在这里，我们往往会想起精神分析理论在其后来的发展中由于专注于忧郁性的抑郁现象而受到的限制。

精神分裂样心位

弗洛伊德的心理结构理论本身在很大程度上建立在对忧郁症现象的思考上，任何一位读过《自我与本我》的人都知道，这部著作中包含了对心理结构理论的经典阐释。在他的《哀悼与忧郁》中，我们发现了这一思想链的最后一环。在梅兰妮·克莱茵及其合作者的观点中，"抑郁心位"也被赋予了至关重要的位置。在此，我必须承认，赋予抑郁心位以核心位置很难与我自己的经验相吻合。当然，否认抑郁心位对真正抑郁症患者或抑郁类型患者的重要性是毫无意义的。就我的经验而言，这样的个体在分析师的客户中所占比例并不高，但在普通精神科中很常见。在我看来，绝大多数开始并坚持接受分析治疗的饱受抑郁状态、精神神经症症状和人格问题之苦的患者，其核心的心位似乎是精神分裂样心位，而非抑郁心位。

在这一点上，我觉得有必要提及我已经指出的"抑郁"的典型忧郁情感与"无用感"之间的区别——我逐渐将后者视为典型的精神分裂情感。从观察者的角度来看，不可否认，两种情感在表面上有足够的相似性，以至于在许多情况下很难被区分，尤其是精神分裂症个体通常会自称为"抑郁"。因此，在临床实践中，我们所熟悉的"抑郁"一词时常被应用于那些应被恰当地描述为"饱受无用感之苦"的患者身上。这样就容易造成分类上的混淆，最终会导致许多具有精神神经症症状的患者被认为属于抑郁症类型——其实际上属于精神分裂症类型。在精神神经症患者的病例中，由于精神神经症的防御能力较强，以及由此导致的精神神经症（如癔症）症状在临床表现中的突出表现，基本的精神分裂症状也常常会被忽视。不过，在考虑珍妮特在阐述其将癔症概念作为临床实体的基础上所引用的案例时，我们难免会得出这样的结论：大量相关个体表现出了明显的精神分裂特征。事实上，我们可以推测，如果他们出现在现代精神科诊所中，那么其中相当一部分人明显会被诊断为精神分裂症。这里可以补充一点，我自己对具有癔症症状的患者的调查也使我毫不怀疑，"癔症"的分离现象涉及自我的分裂。从根本上说，这与赋予"精神分裂"一词的词源学意义是相同的。

回到癔症

在此，我们不妨回顾一下，弗洛伊德在精神病理学领域中的最初研究几乎都与癔症（而非忧郁症）现象有关。因此，精神分析理论最初是基于这种现象而建立起来的。我们无法猜测如果癔症现象仍像最初在弗洛伊德研究中那样保持核心位置，精神分析理论会在多大程度上走向不同的道路；但我们至少可以推测出抑郁心位的重要地位将会在很大程度上由精神分裂样心位所占据。当然，当弗洛伊德从对被压抑物的研究转向对压抑动因的研究时，忧郁症问题就开始取代癔症问题一直以来所占据的核心位置了。造成这种情况的原因有两个：（1）内疚和压抑之间存在紧密的联系；（2）在忧郁状态中，内疚占据着突出位置。尽管如此，弗洛伊德的超我理论无疑代表了一种尝试，即在俄狄浦斯情境中追溯内疚的根源和压抑的动因。这一事实导致弗洛伊德有关压抑起源的观点与亚伯拉罕关于力比多发展"阶段"理论之间严重不相容。弗洛伊德在设想俄狄浦斯情境以寻求压抑的解释时，认为其本质上是一种生殖情境，并且将超我视为压抑的发动者，并根据一种口唇情境来解释超我的起源；而根据"阶段"理论，这种口唇情境必然是一种前生殖阶段的情境。当然，梅兰妮·克莱茵认为俄狄浦斯情境起源于一个比此前设想的要早得多的阶段。因此，她对这一难题的解决必然被解释为是以牺牲"阶段"理论为代价的。我在1941年发表的论文中已经对这一理论做出了详细批评。现在我开始寻找压抑的根源，不仅要超越生殖态度，而且要超越俄狄浦斯情境。我不仅试图证明压抑主要是针对"坏"的内化客体（而不是针对乱伦"冲动"，无论是生殖器官还是其他方面）的防御，而且试图证明内疚是作为对涉及坏的内化客体情境的附加防御而产生的。根据这一观点，内疚的产生是基于这一原则，即儿童发现相比于认为父母是无条件（力比多角度）坏的，认为自己是有条件（道德角度）坏的更能令人容忍。为了描述从前者到后者态度的转变过程，我引入了"道德防线"一词。在我看来，只有在"道德防线"的基础上，超我才得以建立。①超我的建立代表着新的结构组织水平的实现，但旧的水平依然存在。在我看来，中心自我发现自己面对的超我是一个具有道德意义的内化客体——在这个水平之下存在着另外一个水平，在其中自我的各个部分发现自己面对的客体不仅仅是没有道德意义的，而且从中心自我的力比多角度来看，都是无条件坏的，无论是作为刺激客体还是作

---

① 我应该补充一句，在我看来，一开始被内化的总是"坏"客体，因为我们很难发现内化那些令人满意的"好"客体的任何充分动机。在缺少这种内化的情况下，婴儿对已经与他建立完美关系的母亲的乳房的内化是无意义的过程，因为母亲的乳汁被证实能充分满足他的吞并需要。根据这一思路，只有当母亲的乳房不能满足他的生理与情感需要并因此成为一个坏客体时，婴儿才有必要去内化它。好客体只是后来才被内化的，其作用是保护儿童的自我，使其免于已被内化的坏客体所影响——而超我在本质上就是一个"好客体"。

为拒绝客体（一种内部破坏者）。尽管我们可以认为忧郁型抑郁这一主要现象在超我水平上获得了相对令人满意的解释，但一些伴随现象并非如此容易解释。在忧郁症患者身上频繁表现出来的偏执和疑病症倾向代表了一种对内部客体的取向，而这些内部客体在任何意义上都绝非好的，而是无条件（力比多角度）坏的。我们对抑郁症早期患者的典型强迫特征同样可以做如此解释，因为强迫性防御不是道德性的。这种防御本质上针对的是"不幸"，即对涉及与无条件坏的（内部）客体的关系情境的防御。在超我水平上，我们也很难找到对"癔症"症状的满意解释——如果没有其他原因的话，就是因为在"癔症"中出现了与所发现的内疚的程度完全不成正比的力比多抑制。既然弗洛伊德致力于解释作为精神分析源头的癔症现象，那么重新思考这些材料并用"回到癔症"这一口号来鼓励我们自己（如果需要鼓励的话）的做法也许不无裨益。

自我的多重性

我们已经注意到这一事实，尽管弗洛伊德最终将被压抑物描述为本质上是由冲动构成的，但在寻找对压抑动因的解释时，他发现有必要退回到结构概念（自我和超我）上。简言之，弗洛伊德的压抑概念大致如下：（1）压抑的动因是自我；（2）压抑由超我（被内化的父母形象）对自我的压力所激发和维持；（3）本质上，被压抑的是力比多冲动；（4）压抑的产生是为了抵御俄狄浦斯情境中的冲动，在超我的压力下，自我将这些冲动视为有罪的。压抑的动因和发起者都应被视为结构，而被压抑物应被视为包含了某种至今未被注意到的异常冲动。对这种异常的程度做出评价时，我们最好依据一个事实，即被描述为压抑发动者的超我本身在很大程度上是潜意识的。这引发了一个问题，即超我本身是否也受到了压抑。弗洛伊德本人也绝非对这一问题视而不见，他特意设想了超我在某种程度上受到压抑的可能性。当然，压抑超我代表着压抑一种结构。由此，弗洛伊德似乎认可了压抑结构的一般可能性。我们有理由提出这样一个问题：被压抑的东西是否无一例外地具有内在的结构性？如果答案是肯定的，那么我所提到的反常现象就可以避免了。

被压抑的东西从根本上说是结构性的，这隐含在我1943年发表的论文的观点中，即压抑作用主要指向被视为坏的内化客体，除非假定内化客体是结构性的，否则关于这类客体存在的概念就变得毫无意义了。根据进一步的经验，我认为对于压抑主要针对坏的内化客体这一观点我们需要沿着某一方向做出大量阐释——这最终使我修正了心理结构的概念。实际上，让我朝着这个方向迈出主要一步的契机是我对一位患者的梦所做的分析。该患者是一位已婚妇女，她最初因为性冷淡来找我进行分析。她的性冷淡无疑是一种癔症性解离现象（癔症性麻醉与癔症性阴道麻痹相结合）。正如所有此类现象那样，它所表现的只是某个方面的一般人格问题。那个梦本身是非常简单的，但它的一种简单的表现形式打动了我。而我们在科学史上经常可以发现，这类表现形式能够被视为基本真理的表达。

我所提及的梦（显梦）包括一个简短的场景，在此场景中，梦者看见她自己在一座家族世代相传的神圣建筑中遭受一位知名女演员的残忍攻击。她的丈夫在一边袖手旁观，表现得非常无助，似乎没有能力去帮助她。女演员攻击完就转过身去，继续扮演舞台上的角色，似乎在暗示她自己暂时不会离开，以便在幕间休息时继续实施攻击。梦者随后发现自己凝视着流着血躺在地上的自己；但当她凝视的时候，她注意到这个形象立刻变成了一个男人。之后，被凝视的形象便在她自己与这个男人之间交替变换，直到她最终在极度焦虑的状态中醒过来。

　　从该梦者的联想中我得知，梦中的她所变成的那个男人穿的衣服与她丈夫最近刚买的一套很相似；尽管丈夫是在她的怂恿下买的这套衣服，但他曾带"他的一位金发女郎"去试穿过。这个事实与梦中丈夫成为攻击事件无助旁观者的事实结合在一起，立即证实了一个自然的怀疑，即攻击的目标是她的丈夫，而不是她自己。这一怀疑在进一步的联想中得到了充分的证实。联想的过程还证实了另一种猜测，即实施攻击的女演员和遭受攻击的她自己一样属于梦者的人格。事实上，女演员这个形象也适于代表她自己的某个方面。因为她本质上是一个封闭、孤僻的人，极少表现出对他人的真实情感，但她已经将伪装技巧运用到了炉火纯青的地步。这些伪装技巧使她看起来非常真实，并帮她赢得了极高的人气。正如她所体验到的那样，这种力比多情感自童年起主要在受虐狂式的秘密幻想生活中表现出来；而在现实生活中，她主要是在扮演各种角色，如贤妻良母、合格的女主人和优秀的女商人。由此可见，梦中其丈夫的无助衍生出了额外的意义——尽管她成功地扮演了贤妻的角色，但她的真实个性对丈夫来说是难以接近的；丈夫知道这位好妻子在很大程度上只是一位好演员，不仅在情感关系中如此，在婚姻关系中也是如此。她在性交时虽极为冷淡，但她已获得了传达性兴奋和性满足印象的能力。分析明确揭示出她的性冷淡不仅代表了对自己力比多成分的攻击，而且代表了对作为力比多客体的丈夫的敌对态度。她在梦中扮演的女演员角色显然包含着对其丈夫的某种隐性攻击。从此梦中我们还可以明显看到，在力比多方面，她把丈夫当成了自己的侵犯对象。这里应该提一下，在做这个梦时，她的丈夫正在服役并且即将回家休假。在他回家前夕，也就是在做这个梦之前，她出现了喉咙疼的症状。这一系列事件在过去经常发生，这次也不可能是巧合——这也确定了她的丈夫是其攻击对象。因此，梦中描绘的情境就是梦者以一种至今仍未说明的身份直接向处于另一种身份（力比多身份）的自己发泄攻击性，同时间接向作为力比多客体的丈夫发泄攻击性。当然，这一情境很容易被表面化地解释为梦者因其对丈夫的矛盾态度和侵犯行为而感到内疚，并将矛盾态度中的侵犯成分从丈夫身上转移到自己身上——这符合忧郁症的模式。然而，从与该梦者的实际晤谈记录来看，我觉得这种解释并不详尽，甚至从表面上看也不够翔实。

很明显，梦中所表现的情况可能有比上文提到的更深层的解释。我们刚才已经描述过，梦者以一种至今仍未说明的身份直接向处于另一种身份（力比多身份）的自己直接发起攻击，与此同时，她将攻击间接指向作为力比多客体的丈夫。当然，这一描述是不完整的，因为没有说明她表达攻击的能力。当我们开始考虑这种不明确的能力的本质时，探究梦的更深层意义就成为当务之急。根据该梦显现的内容，她是以女演员的身份进行攻击的。而我们已经看到女演员形象是多么适于代表她自己对力比多关系的敌意。分析过程中已经出现的大量材料表明，女演员形象至少同样适于代表梦者的母亲——一个虚假的女人，她既没有对自己的孩子流露出任何自然和自发的感情，也不让他们对自己表露出任何感情。而时尚界为她提供了一个舞台，她一生都在此舞台上扮演角色。我们很容易看出，梦者以女演员的身份与作为压抑形象的母亲紧密相连。她把母亲作为看似"超我"的形象引入戏剧中，这立刻引发了一个问题：对此梦的更深层的解释是否应根据俄狄浦斯情境来表述？我们自然也会怀疑她的父亲是否有类似的表征。事实上，她的父亲在第一次世界大战中牺牲了，当时她只有6岁；分析显示，对于父亲这个既令人兴奋又令人厌恶的力比多客体，她具有相当大的怨恨（这种怨恨尤其集中在对早年更衣室场景的回忆中）。如果要寻找其父亲在梦中的体现，那么我们的选择显然会被限制在一个形象上——作为攻击性客体与梦者的形象交替出现的那个男人。当然我们已经看到，这一形象代表了她的丈夫；但分析表明她的丈夫非常紧密地关联着她对于父亲的移情。我们完全可以推断出，在更深层的解释中，参与攻击事件的男子代表了她的父亲。在这一层面上，我们可以把梦解释为一种幻想，这种幻想描绘了她和父亲因罪恶的乱伦关系而被母亲所杀。我们还可以从心理结构的角度来解释这个梦。如此，梦就代表了由于对父亲的乱伦依恋，梦者在以母亲为模型的超我的煽动下对自己的力比多做出压抑。然而在我看来，这些解释都没有公正地对待梦的素材，尽管结构化的解释似乎提供了更富有成效的方法。

此时此刻，我觉得很有必要提及我自己对幻想，尤其是梦的一般观点的探究。多年前，我有幸分析过一位不同寻常的女性，她也是一位多产的梦者。①在这位女士记录下的梦中，有一些梦境不符合"愿望满足"理论，她自己十分自然地将这些梦境描述为"事态"（state of affairs）梦，意在暗示这些梦境代表了实际存在的内在精神状况。这无疑给我留下了深刻的印象。无论如何，很久以后——在弗洛伊德的心理结构理论被人熟知之后，在梅兰妮·克莱茵详尽阐述了心理现实和内化客体的概念之后，在我对精神分裂现象的普遍性和重要性有了深刻印象之后，我初步形成了这样一种观点：梦里出现的所有形象要么代表了梦者自身人格的一部分（根据自我、超我和本我来构想），要么代表了自我的认同。这一观点的进一步发展是，梦在本质上不是愿望的满足，而是反映内心现实情境的戏剧或

---

① 我在《对一位生殖器官能异常患者的特征分析》一文中详细描述了该病例。虽然被谈及的患者所展现的症状主要是躁狂抑郁性的，但现在回想起来，我认为她基本上是精神分裂人格。

"短片"。我仍然坚持梦的本质是反映内心现实情境的"短片"这一观点,这与本文的总体思路是一致的。但是就梦中出现的形象而言,我现在要修正我的观点,即这些人物形象要么代表"自我"的一部分,要么代表内化的客体。根据我目前的观点,梦里描绘的情境代表了各种内在精神结构之间的关系——这同样适用于清醒时的幻想所描述的情境。这个结论是我的客体关系理论的自然结果。我也认识到一个无法回避的事实:如果要赋予内化的客体以任何理论意义,我们就必须将它们视为内心的结构。

在这一解释性的题外话之后,我们必须回到正在讨论的具体梦境。在我看来,没有一个显而易见的解释是完全令人满意的,尽管结构类型的解释似乎提供了更富有成效的方法。当然,我已经阐述过,所有的精神病理化过程都起源于超我发展的前一阶段,并会在超我运作的下一水平上继续发展。在下文中,我将不再提及作为解释性概念的超我或本我,而将尝试根据梦本身提供的资料简单地阐释梦的意义。

在前文提到的那个梦中,实际的戏剧涉及四个人物:(1)受到攻击的梦者形象,(2)变成男人与梦者形象交替出现的那个人物,(3)实施攻击的女演员,(4)作为无助旁观者的梦者的丈夫。在聚焦于这一实际场面时,我们不要忘记戏剧发生的唯一见证者——梦者本人,即观察性自我,包括她在内,共有五个人物要考虑到。在此,我大胆地指出,如果梦早结束几秒钟的话,即便假定把梦中的"我"也考虑进去,也就只有四个人物;因为可以说,作为攻击性客体开始与梦者形象交替出现的男人是第五个人。这是一个有趣的反思——我们必须得出这样的结论:在这个男人出现前,被攻击的客体一直都是一个复合的形象。正如我们所见,这一现象的特别之处在于,我们有充分的理由将第二个人物看作一个复合体。而正发起攻击的女演员无疑既代表了梦者本人的另一个形象,又代表了梦者的母亲。因此，我大胆地进一步提出假设：如果梦再持续几秒钟，完全可能会出现第六个人物。无论如何，我们完全有可能推测出潜在的内容中有六个人物——这才是解释梦境的关键所在。假定梦里出现了六个人物，我们就继续思考一下这些人物的性质。这样去做时，我们能观察到这些人物分为两类——自我结构和客体结构。有趣的是，每一类都由三个人物组成。自我结构包括：（1）观察性自我或"我"，（2）被攻击的自我，（3）攻击性自我；客体结构包括：（1）作为观察性客体的梦者的丈夫，（2）被攻击的客体，（3）攻击性客体。由此，我们可以得出一个结论：自我结构自然地与客体结构配对。梦中的三组配对是：（1）观察性自我和梦者的丈夫（他也是观察者），（2）攻击性自我和代表她母亲的攻击性客体，（3）被攻击的自我和代表了她父亲的被攻击的客体（在这一点上，我们必须坚持更深层的解释）。

在牢记这两个主要观点的基础上，让我们思考一下我在尝试对这个梦做出满意解释时得出的结论：梦中分别出现的三个自我角色实际上代表了梦者心中独立的"自我"结构。梦者的"自我"被分裂了——这符合精神分裂样心位；它分裂为三个独立的自我——一个中心自我和另外两个附属自我；相对而言，这两个附属自我都与中心自我割裂开来，且其中一个是另一个的攻击对象。被攻击的自我与梦者的父亲（通过对她丈夫的移情）密切相关，我们可以推断出这个自我被高度性欲化了。因此，它可以被恰当地描述为"力比多自我"。攻击性自我与作为压抑者角色的梦者的母亲密切相关，因此，其行为与传统的俄狄浦斯情境中超我的行为十分一致。由于这种攻击完全是带着恶意而非道德的，其引发的不是内疚感而是单纯的焦虑，所以我们没有理由把攻击性自我等同于超我。梦中发生的情境也显示出梦者与其丈夫的力比多关系受到了严重的损害。我们显然必须从攻击性自我的运作中寻找损害因素。因此，将攻击性自我描述为"内部破坏者"或许最为恰当。为了弄清这个梦所表达的意思并确定其在结构上的意义，我放弃了以自我、本我和超我来划分心理结构的传统方法，转而将自我结构划分为三个独立的自我——（1）中心自我（"我"），（2）力比多自我，（3）被命名为内部破坏者的攻击性、迫害性自我。后来的经验使我认为这一分类具有普遍适用性。

中心自我和附属自我的客体关系

现在让我们继续思考我关于这些自我结构的客体关系的结论。如前所述，三个自我中的每一个都自然而然地与一个特定的客体相配对。关于中心自我的特定客体是梦者的丈夫，我们可以先考虑一下梦者的中心自我对他所持态度的性质。中心自我是梦中的观察者"我"，它被认为与清醒时的"我"是连续的。我们可以推断出中心自我在很大程度上是前意识的——这也是人们对一个配得上"中心"称号的自我的自然期望。这一推断又进一步得到了如下事实的支持，即在外部现实中以及在梦者做梦前夕的意识观念中，其丈夫都是一个极其重要的客体。虽然梦中代表丈夫的那个人物必须被视为内化的客体，但这一客体在心灵中的地位显然要比其他客体（如童年时内化的父母）肤浅得多；相对而言，它必然更紧密地对应着外部现实中的相应客体。就我们当前的目的而言，梦者对作为外部客体的丈夫的态度具有相当重要的意义。这种态度在本质上是矛盾的，尤其是在涉及婚姻关系时。然而，她并没有主动表现出对丈夫的攻击性；她对他的力比多情感也带有严重的压抑迹象——她责备自己对他缺乏深厚的感情，未能为他奉献自己。尽管她有意识地弥补这些不足，但她的能力仅限于扮演一个"贤妻"的角色。这引发了一个问题：虽然她对他所隐藏的攻击性和力比多需要在梦里没有直接显露，但它们是否会以某些间接的方式表现出来？这个问题让我们立即联想到力比多自我的形象在遭受内部破坏者的形象攻击之后所经历的蜕变。力比多自我变成了一个男人的形象并开始与之交替出现，这个男人虽在深的层面上代表了梦者的父亲，却与梦者的丈夫有着密切的联系。很明显，她的攻击性不是针对作为外部客体的丈夫，而是针对与力比多自我密切相关的内部客体。同样显而易见的是，这部分攻击性不是由中心自我支配的，而是由内部破坏者支配的。那么，她的矛盾心理中的力比多成分又是什么呢？正如我们所看到的，她对丈夫的力比多态度展示出了严重恶化的迹象，尽管她在意识层面上是带有善意的。她的攻击性显然也是其力比多的真实写照。她的相当大的一部分力比多不再由中心自我所支配；毋庸置疑的是，大量的力比多指向了内化客体——在梦中，它必定就是那个与作为攻击对象的力比多自我交替出现的男人。不同于攻击，这种力比多不是由内部破坏者所支配的——我们必须认为它是由"力比多自我"所支配的。在这里，我们有必要提出读者心中的一个猜测——尽管梦境中的表现并非如此，但是内部破坏者实施的攻击只是次要地指向力比多自我，而主要指向与该自我交替出现的力比多客体。如果这一猜测正确的话，我们就必须把力比多自我所遭受的折磨看作力比多自我完全认同被攻击对象的证据，以及力比多自我对被攻击对象的强烈依恋的证据。这是力比多自我出于对其客体的忠诚而准备忍受"痛苦"的证据。我们对于梦者在醒来时感到的焦虑可以做出类似的解释。事实上，我大胆地认为，这种焦虑代表梦者突然意识到了力比多自我中的这种"痛苦"。于是，我们立即想起了弗洛伊德的原始构想：神经性焦虑可被视为力比多转化为痛苦。这一观点一度使我陷入了极大的理论困境，但根据我目前的立场，我很欣赏它并在很大程度上接受了它；但我拒绝接受弗洛伊德后来（我认为他是很不情愿地）采用的经过修正的观点。

我们已在某种程度上厘清了梦里出现的三个自我的客体关系之间的状况，但尚未完全厘清。现在似乎已经形成了以下立场：梦者对其丈夫的前意识态度是矛盾的。这是她的中心自我对其外部客体所采取的态度，也是对该客体的内化表征所采取的态度。然而，在中心自我的客体关系中，力比多和攻击性成分主要都是被动的。另外，梦者的相当大的一部分主动力比多是由力比多自我所支配的，并指向内化的客体——或许我们最好将之称为"［内部的］令人兴奋的客体"。同时，她的相当大的一部分攻击性是由内部破坏者所支配的，并指向力比多自我和令人兴奋的客体。但是，我们不能不注意到这一说法忽略了某些可以假定存在的内在精神关系：（1）中心自我同其他自我的关系，（2）内部破坏者同与其紧密关联的、由女演员形象中的母亲成分所代表的内化客体之间的关系。先说说后面一种关系。我们不难发现，由于梦中的女演员是一个综合的形象，她既代表梦者的母亲，也代表梦者自己，所以内部破坏者与其客体紧密结合在一起——两者必然是通过强烈的力比多依恋结合在一起的。为了便于描述，我将这个客体称为"［内部的］令人拒绝的客体"。我认为，梦者的母亲为这一内化客体提供了原始模型，她在本质上是一个令人拒绝的形象。可以说，内部破坏者的攻击性正是凭借该客体指向了力比多自我。至于中心自我与其他自我的关系，我们可以说，如果中心自我必须被视为由前意识、意识以及潜意识成分组成，那么其他自我也必须被视为本质上是潜意识的。我们可以推断，力比多自我和内部破坏者都被中心自我所排斥。正如我们所看到的那样，这种推断得到了证实——大量的力比多和攻击性不再由中心自我所支配，而由附属自我所支配了。假如附属自我被中心自我拒绝的话，那么问题就在于拒绝的动力是什么。显然，拒绝的动力不可能是力比多，而有可能是攻击。因此，攻击必须被视为中心自我对附属自我的态度的特征决定因素。

至此，我从动态结构的角度重新构建患者在梦中所表现出的内心状态的尝试就完成了。基于一种推理性的陈述方式，我在一定程度上说明我的观点，即梦在本质上是反映内心现实情境的"短片"（而非愿望的满足）。我把读者的注意力集中在一个梦上的主要目的不是为了证实我对梦的一般看法。在我看来，这个梦代表了一种典型的内心情境，且它的基本特征使它有资格被认为是所有内心情境的典范。

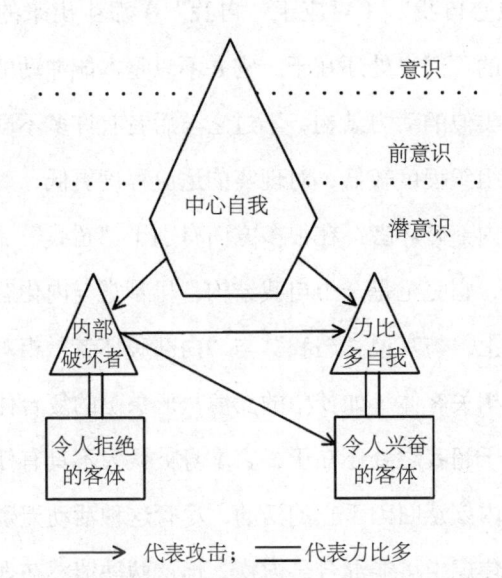

图4-1 基本的内心情境及在此基础上建立的心理结构修正理论图示

本人深信，上述基本内心情境是潜藏于弗洛伊德根据自我、本我和超我所描述的心理结构之下的。正是根据这一内心情境，我经过深思熟虑，提出了现在的心理结构修正理论，并采用了中心自我、力比多自我和内部破坏者这些术语。当然，我们自然会预料到，弗洛伊德的概念与我现在采用的概念大体上是一致的。从功能角度来看，"中心自我"与弗洛伊德的"自我"具有相当密切的对应关系；但两个概念之间也有重要的区别。不同于弗洛伊德的"自我"，我认为"中心自我"并非起源于某些其他东西，也不构成一种被动的结构，其活动性依赖于其母体所产生的冲动，并寄托在母体的表面上。①我认为"中心自我"是首要的和动力性的结构，正如我们不久后将看到的那样，其他心理结构都由此产生。当然，"力比多自我"对应于弗洛伊德的"本我"。根据弗洛伊德的观点，"自我"是由"本我"派生出来的；而在我看来，"力比多自我"（对应于"本我"）是由"中心自我"（对应于"自我"）派生出来的。"力比多自我"与"本我"的不同之处还在于，它并不只是本能冲动的储存地，还是与"中心自我"类似的动力结构，不过它与后者有许多不同，例如它更具有婴儿期特征，组织程度较低，对现实的适应程度更低，对内化客体的投入程度更高。"内部破坏者"在很多方面有别于"超我"。我们决不能把它视为内部客体，它完全是一个自我结构，尽管它与内化客体有着非常紧密的联系。实际上，与其说"超我"与"内部破坏者"相对应，不如说它与这种结构及其相关客体（如梦中的女演员形象）的复合体相对应。"内部破坏者"不同于超我之处还在于，它本身被认为不具有任何道德意义。因此，我没有把内疚感归因于它的活动，尽管这种活动无疑是焦虑的重要来源。虽然这些焦虑中可能混合了内疚，但这两种情感在理论上是截然不同的。这里应该指出的是，虽然我引入了"内部破坏者"这一概念，但我

---

① 弗洛伊德的自我概念是从格罗德克那里借用来的。如果在接下来的结论中有什么真理的话，那就是一种基于压抑所产生的内心情境的概念——就弗洛伊德本人的观点而言，这是反常的，因为它暗示压抑是自我起源的原因。

并不准备像我现在逐渐抛弃了"本我"那样抛弃"超我"的概念。相反，在我看来，如果没有超我，我们就不可能对内疚做出任何令人满意的心理学解释；但超我必须被视为起源于比内部破坏者运作的心理组织更高的水平。这两种结构的活动究竟是如何联系在一起的，仍然是一个悬而未决的问题。关于我对超我起源和功能的最新看法，请参阅我1943年的论文。

自我的分裂与压抑：
精神分裂和癔症状态下同一过程的两个方面

在继续思考我称之为"基本内心情境"的起源之前，我觉得有必要记录下一些一般性的结论，它们似乎是从这种状况本身的固有性质中得出的。第一个也是最明显的一个结论就是，自我是分裂的。就这一点而言，现在出现的基本内心情境符合精神分裂样心位的模式，正如已指出的那样，我已将其视为核心的心位（优先于抑郁心位）。当然，弗洛伊德的心理结构理论是在抑郁心位的基础上发展出来的；梅兰妮·克莱茵也以类似的基础形成了她的观点；而精神分裂样心位构成了我现在提出的心理结构理论的基础。需要进一步指出的是，在符合精神分裂样心位模式的同时，我的患者梦中所揭示的内心状态从动态结构的角度对梦者的癔症性性冷淡做出了令人满意的解释。这让我们想起了癔症症状与潜在的精神分裂态度之间常见的关联——我此前已提过这种关联。因此，我们的第二个结论似乎就有了充分的根据，即癔症的发展本质上是以潜在和基本的精神分裂样心位为基础的。我们的第三个结论是基于前面已经论述过的关于中心自我对附属自我的攻击态度而得出的，即在精神分裂样心位下观察到的自我分裂源于一定的攻击性，而这种攻击性仍由中心自我支配。这种攻击性为附属自我提供了从中心自我中分离出来的动力。当然，附属自我通常是潜意识的；而根据其潜意识状态，我们怀疑其受到了压抑。就力比多自我（对应于弗洛伊德的本我）而言，这也是很明显的。如果其中一个附属自我结构可能受到压抑的话，我们就没有理由认为另一个附属自我结构可以免受中心自我的类似对待。我们的第四个结论是内部破坏者（从功能意义上来看，它在很大程度上对应于弗洛伊德的超我）受到的压抑绝不少于力比多自我。这一结论乍一看似乎与我在1943年提出的理论——压抑主要是针对内化的坏客体——存在冲突。然而，它们并不存在真正的矛盾，因为我现在设想的附属自我受到的压抑是继发于对内化的坏客体的压抑的。这里，我们可以从内部破坏者对力比多自我的攻击中找到一个类比作为说明。正如我们所看到的那样，这种攻击中的侵略性主要是针对与力比多自我相关联的令人兴奋的客体，其次才是针对力比多自我本身。同样，我认为中心自我对力比多自我的压抑是次要于对令人兴奋的客体的压抑的。根据此前的内容，我们的第五个结论无须赘述，其大意是，压抑的动力是攻击性。我们的第六个也是最后一个结论，同样由前面的结论得出，即自我的分裂和中心自我对附属自我的压抑本质上是同一现象。在此，我们不妨回顾一下，自我分裂的概念是布洛伊勒为了解释所谓的"早发性痴呆"的概念而提出的，后来，他用"精神分裂症"这一术语来替代这个概念；而"压抑"的概念是弗洛伊德在尝试解释癔症的现象时构想出来的。因此，我们最终的结论就是，癔症症状发展之下潜在的心位本质上是一种精神分裂样心位。

基本内心情境和自我多重性的起源

现在是时候把我们的注意力转向基本内心情境的起源这个问题了，

我的患者的梦就是内心情境基本状况的典型表现。鉴于已有的思考，显然无论我们对这种情况的起源做出何种解释，都将有助于解释精神分裂症的起源、压抑的起源以及各种基本内在精神结构的分化。正如我们所看到的那样，梦占据了我们如此多的注意力。这位患者在本质上对作为外部客体的丈夫的态度是矛盾的；而基本的内心情境正是从早期生活中建立的对客体的矛盾态度中产生的。婴儿的第一个力比多客体当然是其母亲的乳房，尽管母亲作为一个人的形态无疑很快就开始围绕这个女性器官而形成。在完美的理论条件下，婴儿与母亲之间的力比多关系将是如此令人满意，以至于几乎不可能出现任何力比多挫折状态——婴儿不会对其客体有任何矛盾心理。就此我必须解释一下，尽管我认为攻击性是主要的动力因素，因为它不得不被分解为力比多（正如荣格解决这一问题时所解释的那样），我认为它在形而上学和心理学上最终都从属于力比多。因此，我不认为婴儿会在没有某种挫折的情况下自发地攻击其力比多客体。对动物行为的观察证实了我的这个观点。应该补充一句，在自然状态下，婴儿通常不会经历与母亲的分离，但这种分离似乎越来越多地由文明环境强加于他。事实上，我们可以推断，在自然状态下，婴儿极少会被剥夺母亲臂膀的庇护和可随时享用的乳房，在正常的发展进程中，他自己会逐渐放弃这些。[1]然而，对于出生在文明群体中的人类婴儿来说，这种完美的养育环境仅在理论上存在可能性。事实上，婴儿与母亲之间的力比多关系从一开始就面临着大量挫折，虽然在不同情况下挫折程度确实有所不同。正是这种力比多受挫的经历唤起了婴儿在其与力比多客体的关系中的攻击性，从而产生了

---

[1] 我们必须认识到，在任何情况下，婴儿在出生时都必须经历一种深刻的分离感和安全感的丧失。可以推测，除焦虑之外，这种经历还会激发出某种程度的攻击性。然而，我们没有理由认为，在婴儿期缺乏进一步的力比多挫折经验的情况会导致一种矛盾的心理状态。

一种矛盾的状态。然而，我们若满足于只提及婴儿是矛盾的，就无法对现在所引起的情境做出完整的描绘，因为这是仅从观察者的角度设想出来的场景。从婴儿的主观角度来看，他的母亲变成了一个矛盾的客体，既是好的客体也是坏的客体。他因无法容忍拥有一个既好也坏的客体，而试图通过将母亲分裂为（好的和坏的）两个客体来缓和这一情境。于是，只要母亲在力比多方面满足了他，她便是"好"客体；只要她在力比多方面没有满足他，她便是"坏"客体。然而，他发现如今自己所处的这种情境反过来对他的忍耐力和调节力施加了极大的压力。他发现自己无力控制这种外部现实，因此，他试图用自己掌握的手段来缓解这种情况。他所掌握的手段是有限的；他所采用的技巧或多或少也是由这种局限性所决定的。既然外部现实似乎不肯让步，他就尽最大努力将该情境中的创伤因素转移到内部现实领域。在内部现实中，他觉得自己更能够控制情境。这就意味着他内化了作为"坏"客体的母亲。这里我要提醒读者，在我看来，首先被内化的总是坏客体（此阶段的令人不满意的客体），因为我们很难为"好"客体的原初内化赋予任何意义。在婴儿看来，好客体是令人满意且易控制的。有些人认为，对于在被剥夺的状态下的婴儿来说，内化好客体自然要基于愿望满足的原则；但是在我看来，客体的内化本质上是一种强制措施，婴儿试图要强制的不是令人满意的客体，而是令人不满意的客体。这里我所说的是"令人满意的客体"和"令人不满意的客体"，而非"好客体"和"坏客体"，因为我认为在这种联系中，"好客体"和"坏客体"容易造成误导。之所以容易造成误导，是因为我们容易将它们分别理解为"想要的客体"和"不想要的客体"。然而，毫无疑问的是，坏（不令人满意）客体也可能是想要的客体。正因为婴儿既渴望坏客体又觉得它是坏的，所以他才会将它内化。糟糕的是，坏客体在被内化之后仍旧是坏的，仍然是令人不满意的。与令人满意的客体不同，令人不满意的客体具有两面性：一方面，它们使人受挫；另一方面，它们具有吸引力和诱惑力。的确，令人不满意的客体兼具诱惑力与挫败性——其本质上的"坏"恰恰就存在于这一事实中。于是，婴儿在内化了令人不满意的客体之后，会发现自己处在进退两难的境地。在他试图控制令人不满意的客体时，他就把一个客体引入其内在心理结构中，这个客体不仅会继续挫败他的需要，还会不断刺激他的需要。由此，他发现自己面临着另一种难以容忍的情境——这次是一种内在情境。他会如何应对呢？正如我们所看到的那样，在试图处理最初面临的无法容忍的外部情境时，他所使用的技术是将母亲客体分裂成两个客体——（1）"好"客体，（2）"坏"客体，然后继续对坏客体进行内化。在试图处理随后出现的无法容忍的内部情境时，他采用了一种类似的技术，把内部的坏客体分成两个客体——（1）被需要的或令人兴奋的客体，（2）令人沮丧或令人拒绝的客体，然后他压抑了这两个客体。这里出现了一种复杂情况——他对未分裂的客体的力比多依恋是与分裂后的客体共享的，尽管程度不同。其后果是，在压抑这两个客体的过程中，自我的首次分裂完成，发展出了伪足，并通过伪足维持着对受到压抑的客体的力比多依恋。这些伪足的发展代表着自我分化的最初阶段。随着对客体压抑的继续，自我早期的分裂成了既定事实。这些伪足由于与被拒绝的客体相联系而受到了中心自我的拒绝，并与它们相联系的客体一起受到压抑。正是以这种方式，两个附属自我——力比多自我和内部破坏者（反力比多自我）——逐渐从中心自我中分裂出来，从而产生了多重自我。

处置力比多和攻击性的"分而治之"技术

需要注意的是，刚才描述的一系列过程所造成的情境，现已呈现出了结构模式，我称之为的"基本的内心情境"，它也具备动力模式。但是，内部破坏者对力比多自我及与之相关联的客体（令人兴奋的客体）采取的攻击态度仍被忽略了。为了解释此情境特征的根源，我们必须追溯到儿童对其母亲最初的矛盾态度，并从一个全新的角度来思考。这一次，我们要考虑的是孩子的反应而非意图，更关注其情感方面。孩子不仅天性冲动，且会毫不含糊地表达自己的感受。他正是通过情感表达，才给其客体留下了主要印象。然而，矛盾心理一旦形成，对母亲的感情表达就会使他处于一种对他来说非常不稳定的境地。这里必须指出的是，从严格的意动角度来看与从严格的情感角度来看，母亲施于他的挫折会是非常不同的。从后一种角度来看，他感到的是缺乏爱，甚至是母亲在情感上的拒绝。在这种情况下，他会认为对作为拒绝客体的母亲表达仇恨是一个非常危险的过程。一方面，这可能会令她更拒绝他，因此增加了她的"坏"，而且使她的坏客体身份更加真实；另一方面，这可能会让她减少爱，因此减少她的"好"，而且使她的好客体身份不再真实（毁灭了她）。在面对母亲的拒绝时，孩子表达自己的力比多需求，即对母亲的萌芽之爱，也是一个危险的过程，因为这等同于在情感真空中释放自己的力比多。这种释放伴随着极具毁灭性的情感体验。对年长的孩子来说，这似乎涉及一种极其屈辱的经历，因为他的爱被贬低了。在更深的层面上（在更早的阶段），这是一种对被贬低或忽视的需要的展现感到羞耻的经历。由于这些屈辱和羞耻的经历，他觉得自己沦落到了毫无价值、一无所有或乞讨的状态；他感觉自己的价值受到了威胁；他感受到了"卑微"意义上的坏。当然，这些体验的强度是与他的需要成正比的；而需要的强度本身又会增加他的糟糕感，因为它具有"要求太多"的特质。与此同时，他的坏的感受变得更加复杂，因为他又体验到了一种无能为力感。在更深的层面上（在更早的阶段），可以说儿童得到的是一种无用感的爆发和力比多完全被掏空的体验。这是一种崩溃和濒临心理死亡的体验。

我们可以理解，对于儿童来说，在被母亲拒绝时对母亲表达攻击性或力比多情感是件多么危险的事情。简言之，他发现自己处在这样的情境中——一方面，如果他表达攻击性，就会有失去其好客体的危险；另一方面，如果他表达力比多需要，就会有失去力比多（构成了他自己的好）的危险，并最终会失去构成他自身的自我结构。这是儿童感受到的两种威胁，前者（失去好客体）似乎会引发抑郁感，这为某些个体后来的忧郁状态的发展提供了基础——对这些人来说，处理攻击性比力比多更为困难。后一种威胁（丧失力比多和自我结构）似乎会引发无用感，并为精神分裂症的发展奠定基础——对这些人来说，处理力比多比攻击性更为困难。

目前，一个亟待解决的问题是：当孩子面临母亲的拒绝时，他采取了哪些措施来规避各种危险？这些危险在他看来是伴随着对母亲的情感表达（无论是力比多的还是攻击性的）而出现的。正如我们看到的那样，他试图依次通过如下方式处理矛盾情境：（1）把母亲角色分裂成好客体与坏客体；（2）内化坏客体以努力控制它；（3）分裂内化的坏客体并使之成为两个客体，即令人兴奋或满意的客体和令人拒绝的客体；（4）压抑两个客体，并在这一过程中做出一定的攻击；（5）进一步做出更强的攻击，从中心自我中分离出来，压制两个附属自我（这两个附属自我仍会通过力比多纽带依恋各自的内化客体）。这些以内化和分裂技术为基础的措施，有助于减少在儿童与母亲的关系中因遭遇挫折和母亲带来的拒绝感而造成的糟糟情境；但是，在多数情况下，它们并没有成功地消除儿童在外部现实中对母亲客体的需要，也不能剥夺母亲的一切意义。根据这一事实，他的力比多和攻击性没有被迄今为止所描述的过程完全吸纳；因此，他在对作为令人拒绝的客体的母亲表达力比多和攻击性情感时，仍会遇到危险。这些措施需要由一种非常明显的技术来补充，这种技术与著名的"分而治之"原则密切相关。儿童试图用最大的攻击性压制最大的力比多需要，以避免向他的客体表达力比多和攻击性情感的危险。通过这种方式，他减少了向外表达的情感量。当然，正如已指出的那样，无论是力比多还是攻击性都不能被认为是脱离结构而存在的。于是，我们面临的问题就是：儿童过剩的力比多和过剩的攻击性被相应地分配给了前文所描述的自我结构中的哪些部分？答案无疑是，过剩的力比多由力比多自我所掌控，过剩的攻击性由内部破坏者所掌控。由此，儿童利用攻击性来克制力比多需要的技术就成了内部破坏者对力比多自我实施攻击。相对地，力比多自我会将其过剩的力比多指向与之相联系的客体，即令人兴奋的客体。而内部破坏者对该客体的攻击则代表着儿童最初对于母亲的抱怨的延续，作为引诱者的母亲激发了他特定的需要，却没有满足他，且使他受到束缚——正如内部破坏者对力比多自我的攻击，这代表着孩子对自己的仇恨的持续，因为他的需求决定了他对自己的依赖。

直接压抑、力比多阻抗和间接压抑

我们已描述了内部破坏者对力比多自我和令人兴奋的客体采取攻击态度的根源，也就完成了对决定基本内心结构的动态模式的过程的描述。然而，我还需要对前文关于压抑的性质和起源的论述做一些补充。根据目前所提出的观点，压抑产生于未分化的自我方面拒绝令人兴奋的客体和令人拒绝的客体的过程。这个压抑过程伴随着一个压抑的次要过程——自我分裂为两个部分并拒绝它们，这两个部分分别依附于被压抑的两个内部客体。由此产生的情境就是中心自我（未分化的自我的残余）不仅对令人兴奋的客体和令人拒绝的客体采取拒绝的态度，而且对分别依附于这些客体的附属自我（力比多自我和内部破坏者）也采取拒绝的态度。中心自我采取的拒绝态度构成了压抑；而拒绝的动力是攻击性。目前来看，这种对压抑的性质和起源的解释是不完整的，因为它还没有考虑到一种技巧，即通过最大限度地使用攻击性来最大限度地压制力比多，从而减少可对外部客体表达的力比多和攻击性。正如我们看到的那样，这种技术可分解为一个过程：（1）由内部破坏者接管过剩的力比多，并将之用于攻击力比多自我；（2）由力比多自我接管过剩的力比多，并使之指向令人兴奋的客体。考虑到这一过程的完整意义，我们立刻就会明白内部破坏者对力比多自我的无情攻击必定是促进压抑目标实现的一个非常强大的因素。的确，就动力而言，这似乎更有可能是维持压抑的最重要因素之一。显然，弗洛伊德的超我及其压抑功能的概念就建立在上述现象的基础之上。弗洛伊德认为，超我对本我冲动所持的毫不妥协的敌对态度与内部破坏者对力比多自我所持的毫不妥协的攻击态度完全吻合。此外，弗洛伊德观察到抑郁症患者的自我责备最终是对其所爱的客体的责备，这与内部破坏者对令人兴奋的客体所采取的攻击态度保持一致。

在这一点上，我们没有必要重复弗洛伊德关于超我和本我的概念以及这些概念所受到的一切批评。然而，值得注意的是，弗洛伊德在对压抑进行描述时，似乎完全忽略了我已描述的力比多自我对令人兴奋的客体的依恋现象中的所有内容。正如我们看到的那样，这种依恋吸收了大量的力比多。此外，这种力比多所指向的客体既是内在的，又是被压抑的；而且它不可避免地远离了外部世界。事实上，力比多自我的客体寻求起了阻抗作用，它有力地加强了由压抑所直接产生的阻抗，从而与治疗目标相冲突。当然，这一主题与弗洛伊德在《超越快乐原则》中的论述相冲突，他指出："潜意识，即'被压抑'的要素，对治疗努力没有任何抵抗。"当我们考虑如果力比多寻求的客体是被压抑的内部客体，那么，会发生什么时，这个主题就会从"力比多本质上是寻求客体的"这一观点中自然而然地发展出来。就我目前的立场而言，毫无疑问，力比多自我对令人兴奋的客体的强烈依恋及其拒绝放弃这一客体的意愿构成了特别强大的阻抗来源——阻抗在决定消极治疗反应方面起着不小的作用。当然，我们所讨论的依恋是力比多性质的，它本身并不能被视为一种压抑现象；虽然它本身是中心自我进行压抑的结果，但它也对这种压抑过程起到了强有力的辅助作用。当然，由于内部破坏者对于力比多自我的客体（令人兴奋的客体）的攻击，力比多自我的客体不断受到威胁，致使力比多自我对其客体的依恋永久化。这里，我们发现了披着羊皮的狼，看见了存在于所有伪装之下的原初矛盾处境。力比多自我对令人兴奋客体的强烈依恋和内部破坏者对该客体的同样强烈的攻击，实际上代表着最初的顽固的矛盾态度。无论这一事实被掩盖得有多好，个体都极不情愿抛弃童年时对原始客体的原始憎恨和原始需要——精神神经质和精神病患者就是如此，更不用说那些属于精神变态人格的人了。

如果说力比多自我对令人兴奋的客体的依恋有效辅助了压抑的话，那么内部破坏者对这一内部客体所采取的攻击态度也是如此。然而，就压抑的实际过程而言，后者在一个重要方面不同于前者——它不仅促进了压抑的目的，而且能以与压抑相同的方式起作用。在对令人兴奋的客体的攻击中，它起到了与中心自我联合作战的功能，尽管它们并非同盟。正如我们所见，中心自我对令人兴奋的客体的压抑是攻击的具体表现。就内部破坏者攻击力比多自我而言，它进一步起到了与中心自我联合作战的作用——在中心自我对这一自我的压抑中，攻击起了补充作用。从某种意义上来说，内部破坏者对力比多自我及其相关客体的攻击是一种间接的压抑形式，它促进了中心自我对这些结构的直接压抑。

正如我们已经看到的，附属自我的起源是未分化的自我的分裂——从地形学的角度来看，这仅仅是自我的分裂；而从动力学的角度来看，这是中心自我对两个附属自我的主动拒绝和压抑。虽然就直接压抑而言，力比多自我和内部破坏者有着共同的命运，但只有一个附属自我，即力比多自我，会受到间接压抑的影响。考虑到直接压抑和间接压抑的区别，我们会发现，和我所描述的间接压抑相比，弗洛伊德所描述的压抑过程与我所描述的直接压抑之间的对应关系更加紧密。在比较弗洛伊德的压抑与我所说的压抑现象（直接压抑和间接压抑）的概念时，我们会察觉到一个共同特征——心理中的力比多成分受到的压抑程度远远大于攻击性成分。毋庸置疑的是，对攻击性成分的压抑的确会发生，但我们很难依据弗洛伊德的"心理结构理论来予以一致性的解释。弗洛伊德的理论构想的基础是结构与冲动是根本分离的"——似乎只有对力比多的压抑是被允许的，因为对攻击的压抑会牵涉到用攻击来压抑攻击的反常行为。相反，我认为冲动与结构是不可分割的，且冲动仅仅代表了结构的动力方面；对心理中攻击性成分的压抑并不比对力比多成分的压抑更难解释。因此，"攻击性压抑攻击性"就变成了"一个自我结构利用攻击性压抑另一个带有攻击性的自我结构"。既然如此，我认为内部破坏者和力比多自我一样受到中心自我的压抑，这为压抑攻击性提供了一种令人满意的解释。与此同时，"间接

"压抑"也可以为力比多成分比攻击性成分受到更大程度的压抑这一事实提供令人满意的解释。如果压抑原则在很大程度上支配着对过剩力比多的处理，而不是对过剩攻击性的处理，那么地形学的再分配原则就在很大程度上支配着对过剩攻击性的处理，而不是对过剩力比多的处理。

俄狄浦斯情境的意义

我已表明，用攻击来抑制力比多的技巧是弗洛伊德的"压抑"概念和我自己的"间接压抑"概念中都存在的一个过程。对这一技术的起源，我的看法与弗洛伊德不同。根据弗洛伊德的观点，在俄狄浦斯情境中，这一技术起源于避免或减少对异性父母的力比多（乱伦）冲动和对同性父母的攻击（弑杀父母）冲动的表达。而根据我的观点，这一技术起源于婴儿期，是一种减少婴儿对母亲的力比多和攻击性表达的手段——母亲在这一阶段构成了婴儿唯一的重要客体；婴儿完全依赖于母亲。我对俄狄浦斯情境作为一个解释性概念的评价偏离了弗洛伊德的观点。从这个意义上来说，我对这种观点的差异性解释是相当正确的。在弗洛伊德看来，俄狄浦斯情境可以说是最根本的起因；但是我不能同意这种观点，而且我现在认为，弗洛伊德赋予俄狄浦斯情境的地位应被适当地分配给婴儿依赖现象。与其说俄狄浦斯情境是一种因果现象，不如说它是一种终极产物。它不是一种基本情境，而是一种情境的衍生物——这种情境在逻辑意义和时间意义上都优先于它。这种情境直接源于婴儿对母亲的身体和情感的依赖，并且早在父亲成为重要客体之前就在婴儿与母亲的关系中表现了出来。鉴于刚刚对我自己和弗洛伊德的压抑概念的比较，我似乎有必要简要说明一下我打算如何将俄狄浦斯情境引入我所概述的总体方案之中。无论是在关于压抑起源的论述中，在关于内心情境基本状况起源的论述中，还是在关于内心情境结构分化的论述中，我都没有把俄狄浦斯情境作为一个解释性概念。我是完全根据儿童所采取的措施来做出解释的，这些措施是为了解决儿童在婴儿期与作为其原始客体的母亲的关系中形成的矛盾处境的固有困难。在俄狄浦斯情境形成之前，儿童在试图应对这种矛盾情境时可能采取的各种措施都已被使用了。正是在婴儿与母亲的关系中，基本的内心情境得以建立，内心情境的分化得以完成，压抑得以出现；在这些发展完成之后，儿童才被要求去应对俄狄浦斯情境中遇到的特定困难。因此，俄狄浦斯情境不是提供解释的概念，而是可根据已发展出的内心情境来解释的一种现象。

俄狄浦斯情境给儿童世界带来的主要新奇之处在于，让他面临着两个不同的（父母）客体，而不是之前唯一的客体。当然，他与新客体，即父亲的关系中不可避免地充满变化——尤其是需要、挫折和拒绝的变化——就像他之前与母亲的关系那样。由于这些变化，父亲对他来说变成了一个矛盾的客体；而与此同时，他自己开始对父亲产生了矛盾心理。因此，在与父亲的关系中，他就面临着适应的问题，正如他最初在与母亲的关系中遇到的那样。最初的情境得到重现，而这一次与一个新的客体有关；而且很自然地，他会试图采用在应对最初情境中的困难时所学会的那一系列技术来应对重现情境中的困难。他把父亲形象分裂为好客体和坏客体，将坏客体内化并将其分裂为：（1）与原始力比多自我相联系的令人兴奋的客体，（2）与内部破坏者相联系的令人拒绝的客体。在某种程度上，新的令人兴奋的父亲客体似乎会叠加在原有的令人兴奋的母亲客体之上，并与之合并；同样，令人拒绝的父亲客体会叠加在原有的令人拒绝的母亲客体之上，并与之合并。

当然，儿童在与父亲的关系中被要求做出的适应与他以前在与母亲的关系中需要做出的适应存在一个重要的不同，即在情感层面上必须达到的程度不同。新的适应几乎必须仅是情感上的，因为在与其父亲的关系中，儿童必然排除了母乳喂养的经验。这就把我们引到了一个更为重要的方面，即孩子对父亲的适应必须有别于他以前对母亲的适应。父亲是男人，而母亲是女人。然而，儿童是否从一开始就意识到父母之间的生殖器差异，这一点非常值得怀疑。儿童的确意识到了父亲没有乳房。因此，对儿童来说，父亲首先是没有乳房的双亲之一。这就是他与父亲的关系必须比与母亲的关系更多地建立在情感层面上的主要原因之一。因为儿童确实经历了与母亲乳房的身体关系，同时在这种关系中经历了不同程度的挫折，所以他对母亲的需求才会如此顽固地存在于他对父亲的需求以及接下来的生殖器需求之下。当儿童开始意识到父母之间至少在某种程度上存在生理差异时——亦如在其自身发展过程中生理需求逐步倾向于生殖器（虽是不同程度上的）——他对母亲的需求逐渐包含了对其阴道的需求；同时，他对父亲的需求逐渐包含了对父亲阴茎的需求。然而，他对父母生殖器的生理需求强度与其情感需求的满足程度成反比。如此，他与父母的情感关系越是得到满足，他对他们的生殖器的生理需求就越不迫切。当然，后一种需求是永不会得到满足的，尽管他可能找到替代性的满足，如那些性好奇。因此，在与母亲的阴道和父亲的阴茎的关系中必然会发展出一定的矛盾心理。这种矛盾心理偶然会反映在最初场景的虐待狂概念中。然而，在设想最初的场景时，对儿童来说，父母彼此之间的关系也成了一件重要的事；他对父母之间关系的嫉妒开始显现出来。当然，嫉妒的主要原因部分在于孩子的生理性别，但在很大程度上也在于他与父母之间的情感关系。无论怎样，儿童现在被要求同时应对两种矛盾情境带来的难题。他试图通过一系列熟悉的技术来应对这些困难。结果就是他既内化了坏的母性生殖器形象，也内化了坏的父性生殖器形象，并将之分裂为两种形象——它们分别体现在令人兴奋的客体结构和令人拒绝的客体结构中。由此可见，在儿童很小的时候，这些内部客体已经采取了复杂的合成结构的形式。它们部分地建立在一个客体叠加在另一客体的基础上，以及客体合并的基础上。当然，内部客体在多大程度上建立在叠加或合并的基础上，会因人而异。不过，是叠加占优势还是合并占优势，这似乎是一个非常重要的问题，而且似乎在决定个体的心理性欲态度方面起到了重要作用。结合构成客体的因素配比，这似乎是性倒错病理学中的主要决定因素。由此，我们可以从客体关系心理学的角度来构想性倒错的病因学。

　　需要注意的是，此前描述中用于指代儿童所使用的人称代词总是男性的，即"他"，这并不是指所有的论述只可应用于男孩——它们也可以应用于女孩。使用男性第三人称代词仅是因为某类人称代词似乎具有超越非人称代词的优势。同样值得注意的是，至此，经典的俄狄浦斯情境还没有出现。在上一个阶段中，虽然父母之间的关系对孩子来说已经变得很重要，但他对父母双方的立场基本上是矛盾的。我们已经看到，由于每位父亲或母亲的生殖形象在令人兴奋的客体和令人拒绝的客体的结构中都逐渐得到体现，儿童试图通过一系列的过程处理两种矛盾情境。我们必须认识到，儿童的生理性别在决定他对各自父母的态度方面必定发挥了一定的作用，但这绝不是唯一的决定因素。我们从频繁出现的俄狄浦斯情境的倒置和混合就可以明显看出这一点。从我概述的观点来看，这些倒置和混合的俄狄浦斯情境必定是由令人兴奋的客体和令人拒绝的客体的构成方式所决定的。这样的考虑也适用于积极的俄狄浦斯情境。事实似乎是，俄狄浦斯情境根本就不是一种真实的外部情境，而是一种内部情境——它可能被不同程度地转移为实际的外部情境。我们一旦认为俄狄浦斯情境在本质上是一种内部情境，就不难看到两个内部客体中的母亲成分相对于父亲成分而言具有初始优势。这无疑既适用于男孩，也适用于女孩。当然，母亲成分之所以占据有利地位，是因为两个内部客体的核心都是最初矛盾的母亲及其矛盾乳房的衍生物。与这一事实相一致的是，我们只要对俄狄浦斯情境进行足够深入的分析，就会发现这种情境是围绕内部的令人兴奋的母亲和令人拒绝的母亲而建立起来的。弗洛伊德最初正是在癔症现象的基础上阐述了俄狄浦斯情境这一概念。根据亚伯拉罕的"阶段"理论，癔症的起源可追溯到性器（生殖）期的固着。我已经在1941年发表的论文中对亚伯拉罕的"阶段"理论提出了各种批评。当我说我分析过的癔症患者——无论男女——没有一个在内心深处不是不折不扣的乳房追求者时，我只是进一步提出了批评，哪怕只是暗示性的批评。我大胆地认为，在对积极的俄狄浦斯情境进行深入分析时，我们可以从三个主要层面进行。第一个层面是由俄狄浦斯情境本身所主导的；第二个层面是由对同性父母的矛盾心态所主导的；第三个层面，即最深的层面是由对母亲的矛盾心态所主导的。所有这些阶段的痕迹都可以从《哈姆雷特》中发现——毫无疑问，在令人兴奋的、诱人的客体角色与令人拒绝的客体角色中，王后都是真正的反面人物。要孩子处理一个矛盾的客体，就已经使他觉得难以忍受了；而要他处理两个矛盾的客体，会让他更难以忍受。因此，他试图简化复杂的情境，把这种需要同时面对两个令人兴奋的客体和两个令人拒绝的客体的情境转变为只需要面对一个令人兴奋的客体和一个令人拒绝的客体的情境。他通过专注于父母中的一位的令人兴奋的方面和另一位的令人拒绝的方面而在不同程度上实现了这一目标。如此，他就把父母中的一位与令人兴奋的客体等同看待，而把另一位与令人拒绝的客体等同看待。儿童就这样为自己构建了俄狄浦斯情境。然而，在这一背景下，他对父母双方的矛盾心态仍然会继续存在而且令人兴奋的客体和令人拒绝的客体在根本上都仍是它们最初的样子，即他的母亲形象。

神经性焦虑和癔症性痛苦

我已经说过，分而治之的技术是一种减少向外表达的情感量（包括力比多和攻击性）的手段。关于这一点，我们应仔细考虑一个问题：当内部破坏者对力比多自我的攻击未能充分抑制力比多需求以满足中心自我的要求、未能充分将可用的力比多情感的数量减少到可控的范围时会发生什么？在这里，我们只需指出，当该技术无法充分减少力比多情感的数量、无法实现其主要功能时，它似乎就会承担起次要功能，并且凭借这一功能来改变坚持要表达出来的力比多情感的性质，从而掩盖原有情感的性质。因此，当力比多自我之中出现高于特定阈值的动力性紧张而面临力比多需要过剩的威胁时，紧急的力比多情感就会通过内部破坏者指向力比多自我的攻击作用而转变为（神经性）焦虑。力比多自我中的这种动力性紧张如果继续出现，达到更高的水平，那么力比多的释放就不可能避免了。此时，内部破坏者对力比多自我的攻击就会给力比多情感带来痛苦以及不可避免的释放。无论如何，这似乎都是一个涉及表达情感的癔症模式的过程——该过程要求我们将力比多需要的表达视为痛苦的经验。

动力结构心理学及其一般科学背景

根据刚刚谈到的（神经性）焦虑的起源，大家会注意到，我对焦虑的本质的观点与弗洛伊德最初的观点非常一致,即焦虑是一种未释放的力比多的转化形式。我们发现了一个有些明显的事实,即如果说我现在所主张的立场代表了对弗洛伊德后期某些观点的背离,那么其结果就是重现了弗洛伊德早期的一些观点(在某些情况下,这些观点后来被搁置了)。对这一普遍现象的解释似乎就是,虽然我现在的观点与弗洛伊德的观点在每一点上都有明显的相似之处,但我的观点的发展遵循着一条逐渐偏离弗洛伊德观点的历史发展道路。这种路径分歧本身意味着我们在某些基本的理论原理上存在着差异。差异的核心总共有两个方面:(1)尽管弗洛伊德的整个思想体系是涉及客体关系的,但他在理论上坚持的原则是,力比多本质上是寻求快乐的——无指向性;而我坚持的原则是,力比多本质上是寻求客体的——具有指向性。就此而言,我认为攻击性也是有指向性的。言外之意是,在任何情况下,弗洛伊德都认为攻击性像力比多一样,在理论上是无指向性的。(2)弗洛伊德认为冲动(心理能量)在理论上是有别于结构的;然而我不赞同这个区别,并坚持动力结构的原则。在我和弗洛伊德所主张的观点的两个核心差异中,后者是更根本的;事实上,前者似乎取决于后者。弗洛伊德认为力比多本质上是寻求快乐的,这个观点直接源于他将能量与结构割裂开来看待。能量与结构一旦被割裂开来,唯一能被认为具有非干扰性(快乐)的心理变化就是能够建立力量的平衡的变化,即无方向的变化。相比之下,如果我们认为能量与结构是不可分离的,那么可理解的唯一变化就是结构关系以及结构之间的关系的变化;这种变化本质上是有指向性的。

没有人能够完全独立于他所处时代的科学背景之外,即便是最伟大、最具独创性的人——弗洛伊德也不例外。我们必须提醒自己,弗洛伊德成长在19世纪的科学氛围中,即物理宇宙是由惰性的、不变的、不可分割的微粒组成的集合体，而微粒的运动是由从微粒本身分离出来的一定数量的能量所赋予的。这种氛围由亥姆霍兹的观念所主导。人们认为，由于某种未知的原因，这种能量一开始就分布不均，并在经历了一个逐渐重新分配的过程后导致了力的均衡和固体微粒的固定。我们不难理解，在弗洛伊德超前于他的时代为自己设定了一项艰巨的任务，即把秩序引入当时混乱的精神病理学领域时，他正是因为受到了当时科学氛围的影响，所以会把冲动（心理能量）与结构分开，并把他的性欲理论塑造成一个追求平衡的模式。在我看来，这一特点导致了外部因素对他的思想的限制。到了20世纪，关于物理宇宙的科学概念已经经历了深刻的变化。人们过去认为物理宇宙是由惰性的、不可分割的微粒或原子组成的，而现在人们知道，这些微粒或原子是极其复杂的结构，其中蕴含着几乎难以置信的巨大能量——如果没有这些能量，这些结构本身就无法解释；但如果没有这些结构，能量同样难以解释。宇宙本身被认为是一个正在经历变化的过程，而不是一个在封闭系统中建立平衡的过程。宇宙正在以惊人的速度膨胀，而在其中发挥主要作用的是引力和斥力（如同力比多和攻击性）；尽管引力具有造成物质局部冷凝的效果，但当前阶段的主导力量无疑是斥力。宇宙正朝向一个极限膨胀；到了这个极限后，一切都将衰减，以至于不会再发生任何相互影响。因此，宇宙正在经历着一个有方向的变化。在我看来，这个时代要求我们的心理学思想在动态结构的基础上重新阐释关系心理学。

作为一种解释体系的动力结构心理学

作为一种解释性的体系，我认为我所设想的动力结构心理学具有很多优势，其中最重要的一点是，它为解释群体现象提供了比任何其他类型的心理学都更令人满意的基础。我会把这个主题留到别的场合去论述。我还想说说我所提出的心理结构理论取代弗洛伊德经典理论的好处。从地形学的角度来看，弗洛伊德的理论只承认三个因素（本我、自我与超我）对我们所熟悉的各种临床状态的作用；而我的理论承认五个因素（中心自我、力比多自我、内部破坏者，令人兴奋的客体和令人拒绝的客体）的作用——根据我的理解，超我也是不用考虑的。因此，我的理论提供了更多的可能性。在临床实践中，这两种理论关于病因学可能性的差异甚至比最初看来的还要大。因为，弗洛伊德理论中设想的三个因素只有两个（自我和超我）是真正意义上的结构，而第三个因素（本我）只是能量的来源。弗洛伊德认为来自本我的能量表现出两种形式——力比多和攻击性；因此，他的理论中包含两个结构因素和两个动力因素。我的理论涵盖了弗洛伊德的两个动力因素，但其中的结构因素不是两个，而是五个。因此，我的理论比弗洛伊德的理论涉及更多的排列和组合。在一般情况下，弗洛伊德的理论所提供的可能性实际上会受到超我功能概念的进一步限制。他认为超我不仅具有攻击性，还具有典型的反力比多的特性。根据弗洛伊德的观点，内心的戏剧在很大程度上解决了自我的力比多方面与超我的反力比多方面之间的冲突。弗洛伊德关于压抑的早期观点中所固有的二元论基本上没有受到他后来提出的心理结构理论的影响。其内心戏剧的概念具有极大的局限性——不仅就它对社会心理的影响而言（例如，暗示着社会制度主要是压抑的）是如此，而且就其在精神病理学和性格学领域的解释价值而言也是如此。在这些领域内，解释就被简化为记述自我以力比多身份面对超我所采取的态度。我的理论具有解释体系的所有特征，因而使所有种类的精神病理症状和性格现象都能够根据各种结构之间的复杂关系所呈现的模式来描述。它的优势在于能够根据结构构造来直接解释精神病理症状,从而公正地对待这样一个不容置疑的事实,即症状绝非独立的现象,而是整体人格的表现。

在这个关键时刻,我们有必要指出,从经济学的角度来看,我所描述并十分重视的基本内心状态绝不是一成不变的。从地形学角度来看,这种基本内心状态必须被认为是相对不变的——尽管我认为精神分析疗法的主要目标之一是通过地域调整而对其地形学进行某种改变。我认为它是精神分析疗法最重要的功能之一,能通过将割让给力比多自我和内部破坏者的领土最大限度地归还给中心自我来减少原始自我的分裂,并在中心自我影响的范围内尽可能地把令人兴奋的客体和令人拒绝的客体结合在一起。根据这一事实,我认为精神分析治疗的一个主要目标是把附属自我对其各自关联的客体的依恋、中心自我对附属自我及其客体的攻击、内部破坏者对力比多自我及其客体的攻击减少到最低程度。基本内心状态无疑能够在精神病理学方面得到相当大的改变。正如我已指出的那样,基本内心状态的经济模式是在癔症中占主导的那种模式。对此,我自己深信不疑。不过,我曾遇到过一些癔症患者,他们表现出明显的偏执特征(甚至以前曾被诊断为偏执狂)。我在分析中发现,他们的态度在偏执狂和癔症之间摇摆不定。这种摇摆似乎伴随着内心状态、经济模式的改变——偏执阶段的特征偏离了我所说的基本内心状态的经济模式。我不确定在偏执狂状态下,内心状态呈现出怎样的经济模式,但我敢说,每一种可区分的临床状态都对应着一种特有的内心状态模式。我必须承认,内心状态的模式既可能是固定的,也可能是易变的——极端僵化和极端灵活都是不利的特征。同时,我必须强调的是,基本的(最初的)内心状态是在癔症状态下发现的。据此,我认为最早表现出来的精神病理症状具有癔症的特征——我是从这个意义上来解释婴儿的尖叫的。如果我的观点是正确的,那么弗洛伊德选择癔症现象作为建立精神分析理论基础的材料，就显示出了非凡的洞察力。

我们可以理解，虽然基本内心状态是癔症状态下的情况，但其本身是原始自我分裂的产物，因此它是一种精神分裂现象。尽管最早的精神病理症状是癔症性的，但是最早的精神病理化过程却是精神分裂性的。压抑本身就是一个精神分裂过程；自我的分裂是一种普遍现象——当然，分裂的程度因人而异。我们无法推断出明显的精神分裂状态是最早发展出来的精神病理性状态。相反，这些最早的状态实际上是癔症性的。实际的精神分裂状态是很久之后才发展出来的——只有当精神分裂进程被推到一个点，情感受到过度压抑以至于癔症性的情感表达都无法实现时，这种状态才会出现。因此，只有在发生大规模的情感压抑时，个体才会变得过度依恋并体验到明显的无用感。

内化客体的动力性质

弗洛伊德的心理结构理论中最反常的一个特征是，他认为最接近动力结构的一个部分是超我。在他的心理结构中，本我被描述为无结构的能量；自我被描述为无能量的被动的结构——除非那些能量由本我中侵入它；超我被描述为拥有大量能量的结构。诚然，这种能量最终来自本我，但这丝毫没有改变弗洛伊德在相当高的程度上赋予超我独立的功能活动的事实。正因为如此，他把超我和本我的活动目标截然对立起来，从而使自我被夹在这两个内心实体之间。奇怪之处在于，超我实际上只是个体心灵世界中一个自然化了的外来者，是一位来自外部现实的移民。超我的全部意义就在于它本质上是一个内化的客体。弗洛伊德认为心灵中唯一的动力结构部分应该是一个内化的客体——在我看来，这一反常现象充分证明了我试图建立一种替代性的心理结构理论是正确的。在构建这一替代性的理论时，我所遵循的路线与弗洛伊德的路线截然相反，因为内化客体是唯一一个被弗洛伊德视为动力结构的心理部分，而我设想的内化客体却是唯一不被视为动力结构的心理部分。我把内化客体简单地看作动力性自我结构的客体，即其本身不是动力内心结构。我故意这样做，不仅是为了避免阐述的复杂性，也是为了突出我认为有必要假设的自我结构的活动，并避免因低估这一活动的首要性而产生的风险——毕竟客体只有通过这种活动才能被内化。然而，为了保持一致，我现在必须得出我的动力结构理论的逻辑结论——既然内部客体是一种结构，那么它们至少在某种程度上必然是动力性的。我在这里不仅应遵循弗洛伊德之前的理论，而且似乎还应遵循业已揭示出的心理事实的要求，如梦和偏执狂现象中的心理事实。如此，我可以通过排列和组合的方式把更多的可能性引入内心状态，从而提高我的心理结构理论的解释价值。必须承认的是，我们在临床中很难区分内化客体和自我结构的活动，因为它们是相互关联的。为了避免"魔鬼学"研究的出现，偏重于强调自我结构的活动而不是其他方面似乎才是明智的。内化客体在某些条件下可能获得一种不可忽视的动力独立性。毫无疑问，我们必须从这个角度来解释人类的基本泛灵论——它顽固地隐藏在文明和科学的外衣之下，甚至会从复杂的艺术形式中暴露出来。

后记（1951）

我不得不承认，本文所表达的观点与我1941年所发表的论文（《一种修正的精神病和精神神经症的精神病理学》）中的观点之间存在两个严重的矛盾。在1941年的那篇论文中，我对四种"过渡性"防御技巧的分类是基于对两个内化客体的区分，我分别称之为"被接受的客体"和"被拒绝的客体"；而每种技术的明显特征都与处理这两个客体的典型方法联系在一起。在本文中，我没有说"被接受的客体"和"被拒绝的客体"，而是在描述"基本内心状态"的建立时提到了"令人兴奋的客体"和"令人拒绝的客体"。需要注意的是，我之前把内部客体描述为"被接受的"和"被拒绝的"，这是基于自我对客体所采取的态度来思考它们的地位；而在把内部客体描述为"令人兴奋的"和"令人拒绝的"时，我是从它们向自我呈现的角度来思考其地位的。这两种观点是不同的，但我认为它们并非不可调和的，因为自我结构对客体所采取的态度必然与客体呈现自身的角度有关。然而，"被接受"和"被拒绝"之间的对比并不严格地类似于"令人兴奋的"和"令人拒绝的"之间的对比。虽然"令人拒绝的"是"被拒绝的"的对立面，但是不能把"令人兴奋的"看成"被接受的"的对立面。为了保持系统化的一致性，我们似乎有必要在这里重新调整一些观点。我虽不准备牺牲"令人兴奋的客体"和"令人拒绝的客体"的概念，但我也不愿意放弃过渡技术的分类。

我们应该将注意力转向我刚才提及的第二个，也是更为严峻的矛盾。大家应该记得，我把令人兴奋的客体与令人拒绝的客体描述为内化的"坏客体"或令人不满意的客体分裂的结果；我认为，"坏客体"或令人不满意的客体是第一个被内化的客体，也是最初的内在客体。前文在谈到"被接受的客体"和"被拒绝的客体"时，假设"好客体"和"坏客体"都已经被内化了。在这两种情况下，我所说的是不同的发展阶段。当我说"被接受的客体"和"被拒绝的客体"时，我所讨论的发展阶段是"过渡"阶段——在我所说的"令人兴奋的客体"和"令人拒绝的客体"分化的阶段之后。乍一看，"令人不满意的客体"与"令人拒绝的客体"是等同的；

但我谈到的"被拒绝的客体"对应于"不令人满意的客体"已分裂为"令人兴奋的客体"和"令人拒绝的客体"的阶段——这一难题似乎不可能得到解决。

我想通过修正一些观点来找到解决这一难题的办法，即最初被内化的客体不是一个体现绝对的"坏"或"令人不满意"的外部客体，而是一个前矛盾的客体。前矛盾客体的内化是因为它表现得既令人不满意，又令人满意。根据这一假设，矛盾心理是一种状态，它首次出现在原始的未分裂的自我之中，与被内化的前矛盾客体有关，而与外部客体无关。由此导致的情况就是，一个未分裂的自我面对着一个内在的矛盾客体。我们有必要回顾一下我所设想的基本内心状态——从中心自我的角度来看，令人兴奋的客体与令人拒绝的客体都是"被拒绝的客体"，尽管前者被力比多自我所"接受"，后者被内部破坏者所"接受"。考虑到这一点，我们可以设想，内部情境发展的下一步，即内部客体的分裂会以如下方式发生。既然内部（矛盾）客体中的令人过度兴奋和令人过度沮丧的成分对原始自我而言都是不能接受的，那么这些成分就从客体的主体中分裂出来并受到压抑，进而产生了"令人兴奋的客体"与"令人拒绝的客体"。尽管这两个客体被排斥，但它们的力比多中心依然存在，然后会导致自我的分裂。原始自我的一部分吸收了令人兴奋的客体，而将被自我的中心部分所拒绝和压抑，产生"力比多自我"；原始自我的另一部分吸收了令人拒绝的客体，而将被自我的中心部分所拒绝和压抑，产生"内部破坏者"。我们会注意到，在过度兴奋和过度沮丧的成分从内部矛盾客体中分离出来之后，客体的核心仍然存在——只是被剥离了过度兴奋和过度沮丧的成分。然后，这一核心在中心自我眼中将承担"被接受的客体"角色；中心自我将保持对这个客体的控制，并将其据为己有。

在我修正的概念中，中心自我是"被接受的客体"。在剔除了过度兴奋和过度沮丧的成分后，一种去性化和理想化的客体形式出现了——中心自我在剔除了导致力比多自我和内部破坏者的成分后，可以安全地爱上这种客体。这正是癔症患者企图把分析师转变成的那种客体，也是儿童企图把父母转变成的那种客体——他们通常会在很大程度上取得成功。如今我认为，这就是形成我所设想的超我核心的客体（与"内部破坏者"相对应）。然而，就这一客体的本质而言，将其描述为"自我理想"似乎比"超我"更为适合。

还有一个问题是，如何将"被接受的客体"和"被拒绝的客体"与我修正过的概念联系起来，从而为我描述的过渡性防御技巧找到一个合适的位置。我们最好把"被接受的客体"等同于内部矛盾客体的核心——它在令人拒绝的客体和令人兴奋的客体受到压抑之后保留了中心自我对它的力比多投注。我现在把它设想为超我最终建立起来的核心。一旦建立了这种等同性，我们就有必要把"令人兴奋的客体"和"令人拒绝的客体"都并入"被拒绝的客体"这一概念之中；因为正如我们所看到的，这些客体都被中心自我所拒绝。经过反思，我发现每一种"过渡"技术其实都是以同样的方式来对待"令人兴奋的客体"和"令人拒绝的客体"——在偏执技术和恐惧技术中，它们都被视为外部客体；而在强迫技术和癔症技术中，它们都被当作内部客体。应该补充一句，每个不同的技术都必须被看作中心自我所使用的技术。

5 客体关系和动力结构（1946）

  本文的目的是要在总体上描述我现在所采用的特殊观点，这些观点出自我在1939—1945年战争期间发表的一系列论文。我所有的特殊观点所依据的最终原则可以表述为这样一个一般性命题，即力比多的本质不是寻求快乐，而是寻求客体。这一命题所依据的临床素材可归因于一位患者的抗议："你们总是说我想要满足这样那样的欲望，但我真正想要的是一个父亲。"对这种现象的思考便是我目前思路的出发点。我们现在很难找到这样的分析师——能承认客体关系的重要性已影响到了他对于经典性欲理论所基于的理论原则（力比多本质上是寻求快乐的）的坚持。当然，读者马上便会想到，经典理论中"寻求快乐"的意思实际上是"缓解力比多的紧张"；但我的观点是，这些紧张是寻求客体的需要所固有的。在我看来，"寻求快乐是紧张状态本身所固有的"这一主张的基础是"事后必然意味着先验"。简单来说，就是"紧张就是紧张"。因为紧张自然会寻求释放，而释放自然会带来缓解。这种说法完全没有揭示紧张下的力量的性质以及这些力量的方向或目标；而且它忽略了一个问题：紧张的缓解本身在多大程度上关系到力比多目标的实现？当然，弗洛伊德谈到了力比多目标，并根据性欲区来定义这些目标（如口唇目标、肛门目标等）。然而，他所描述的并非真正的目标，而是处理客体的方式。我们应该正确地看待这些性欲区，它们不是目标的支配者，而是目标的仆人，是作为渠道来提供服务的身体器官——个人目标经由该渠道得以实现。真正的力比多目标是建立令人满意的与客体之间的关系；因此，正是客体构成了真正的力比多目标。与此同时，力比多途径所采用的形式是由客体的性质所决定的——正是由于乳房的性质，婴儿与生俱来的合并倾向让其采取用嘴吮吸的形式。当然，严格来说，母亲的乳房和婴儿本能的口唇禀赋是在相互适应的过程中演变而来的；但这一事实本身也暗示着力比多目标天生是与客体关系联系在一起的。实际上，我不太愿意将一些所谓的力比多目标的活动，如肛门活动和排尿活动，说成主要是力比多的活动；因为与呕吐行为一样，它们的内在目的不是建立与客体的关系——从有机体的角度来看——反而是对构成了异质物的客体的拒绝。当然，这一事实并不会妨碍这些活动构成快乐的来源，因为快乐与力比多没有特殊的关联，它只是紧张的缓解的一种自然伴随物，而与被缓解的紧张力量的性质无关。性欲区概念引发了其他思索，对一些批评性的观点，在此我必须提及一些。

性欲区概念是以有机体的原子或分子概念为基础的——这一概念指出，有机体最初是一个由独立实体组成的集合体，只有在发展过程中才能相互联系和合并。在功能领域，相应的原子论导致了一种倾向，即用孤立的冲动和孤立的本能来描述动态过程。在我看来，类似的原子论也是马乔里·布赖尔利的"过程理论"（《对作为过程理论的元心理学的评注》）的基础，艾德里安·史蒂芬在其《对矛盾心理的评注》中也采纳了这种认识论，他选用我的观点来批判性地思考"好客体"和"坏客体"概念。对我而言，这种原子论是过去的遗留之物，与现代生物学概念完全不同——根据现代生物学观点，有机体从一开始就被视为一个功能整体。当有机体功能正常时，我们只有从人为的科学分析的立场上才能把它看作是由单独的功能部分所组成的；尽管在某些情况下，功能部分确实是单独起作用的，但这只是病理过程的结果。如果不考虑单个有机体与其自然客体的关系，我们就不可能对其本质有任何充分的认识。只有在与这些客体的关系中，有机体的真正本质才得以展现。正是由于忽略了这一事实，行为主义者对隔离在玻璃房中的婴儿进行的实验才是无效的。一个在玻璃房中与母亲分开的孩子已经不再是一个机能正常的人类儿童了，他被剥夺了自然客体。巴甫洛夫主义的许多实验似乎也有类似的缺陷。

其次，性欲区概念并不能很好地解释个体摒除满足快乐需要的能力。根据经典理论，这种能力要么被归因于压抑，要么被归因于以现实原则代替快乐原则。就压抑而言，这种技巧在使个人摆脱快乐，甚至是在促使个人放弃快乐方面发挥着重要作用。而从客体关系心理学的视角来看，寻求快乐显然代表着行为的恶化。这里，我说的是行为的"恶化"而非"退行"，因为如果寻求客体是首要的，那么寻求快乐就很难被描述为"退行"，而更应该被描述为具有"恶化"的性质。寻求快乐的外显目标在本质上是为了缓解力比多需要的紧张——仅仅是缓解这一紧张。当然，这样的过程确实经常发生。但由于力比多需要是客体需要，单纯地缓解紧张意味着客体关系的某种失败。事实是，单纯地缓解紧张实际上相当于打开安全阀——它不是实现力比多目标的手段，而是降低这些目标受控的可能性的一种手段。

根据经典理论，放弃快乐满足的能力可能不仅由于压抑，还由于现实原则取代了快乐原则。然而，如果力比多本质上是寻求客体的，那么我们可以推断行为必定指向外部现实，并从一开始就被现实原则所决定。如果说这一点在人类婴儿身上并不明显的话，那主要是因为与动物相比，人类的本能行为模式并不严格。人类的本能驱力所采用的形式只有在作为经验的结果时才会出现更为严格和分化的模式。儿童最缺乏的是对现实的体验——这使成人观察者认为，儿童的行为主要是由快乐原则决定的。我们必须承认，儿童在缺乏经验时会更加情绪化和冲动，也就是说，更不善于控制自己；而在这种情况下遭遇的挫折就会导致他比成人更倾向于采取缓解紧张的行为。然而，在我看来，认为他的行为主要是由快乐原则所决定的，是错误的，因为快乐原则会被现实原则所取代。我们很难描绘出动物行为的快乐原则和现实原则之间的区别。它们的本能行为采用了相对独立于经验的严格模式，因此对它们来说，寻找客体并不困难。人类儿童寻找目标的执着程度丝毫不亚于动物。但是，对于人类儿童来说，通往目标的道路只是被粗略地描绘出来；因此，他很容易迷失方向。这就像飞蛾扑火——在追寻火焰时，飞蛾表现出明显的现实感缺乏。我们很难说是快乐将飞蛾引向了火焰。相反，它的行为在本质上是寻求客体的。然而，它所寻求的并不是火焰，而是光亮。因此，激发它的行为的实际上是现实感，而不是快乐原则。但因为这种现实感是严格受限的，所以飞蛾无法区分一种光源和另一种光源。事实上，与成人相比，儿童的现实感通常较低；但他从一开始就是受到现实感的驱动的——尽管他在面对挫折时很容易误入缓解紧张的道路。

关于"性欲区"以及与之相关的"力比多本质上是寻求快乐的"，我们还需要做进一步的思考。它们并没有公正地反映出本能客体寻求的特殊性，这种特殊性在动物身上表现得淋漓尽致——人类的适应性丝毫没有削弱这种特殊性，尽管可能会将其掩盖。我们可以鸟类的筑巢习惯为例：鸟类筑巢所收集的材料具有明显的特殊性，一类鸟收集木棍，另一类鸟收集稻草，还有一类鸟收集黏土。同样，不同种类的鸟巢也具有不同的结构。

鸟巢对鸟来说是一个客体，正如房子对人类来说是客体一样。人类房子的多样化应被理解为适应性的标志，适应性对应于人类本能禀赋中缺少的僵化模式。适应性意味着一种能够通过经验学习的能力，即为了寻求客体而提高固有的现实感。适应性还为寻求客体提供了相当大的技术自由。这些优势会带来偏离常态的风险，但这绝不能掩盖寻求客体的原则。

这让我想起一个我过去的患者，他因颈椎骨折而完全瘫痪。这个患者是一位勤勉的读者，他依靠用舌头翻书的技术进入文学世界。当然，他的这一行为并不能根据强烈的口唇固着或者在其性格中口唇成分占据压制性的主导地位来解释。他之所以用嘴翻书，是因为这个器官是他翻书的唯一机体通道。或多或少地基于类似的原则，婴儿使用嘴来实现寻求乳房的目标是因为嘴是唯一可用的器官，其目标能借此得以实现。经过漫长的进化过程，他的嘴已经被特别设计成可以在寻找目标时达到这个目的。依靠同一进化过程，凭其禀赋使用口唇来达到寻求乳房的目标已被建构成一种模式。但是，如果因此就把婴儿描述成是口唇的，那么我们就必须承认这只是因为他寻求乳房。通常的情况似乎就是：为了实现其力比多目标，即为了与其客体建立所期望的关系，个体会利用身体器官。而对这些器官的选择是根据以下原则决定优先级的：（1）该器官对目标来说是适合的，最好是在进化过程中特别适于实现该目标；（2）该器官是可用的（在心理上可用，也在生理上可用）；（3）该器官得到了经验的认可，尤其是创伤性经验。就一个成年人来说，与客体发生性关系所选择的器官通常是生殖器官；通常来说，生殖器官在两性关系中提供了主要的力比多通道。但是，如果由于心理原因导致生殖器官不可用的话，那么力比多就会转向其他某个或某些可用的渠道。例如，可能会转向口腔，因为口腔在婴儿期是首选器官，后来又得到了经验的认可；或者可能会转向肛门，这虽然不应是一种可选择的通道，但可能在婴儿期得到经验的认可——也许是由于灌肠导致的创伤模式。我们需要指出，正如成人的力比多可能从生殖器官转移到口腔一样，在婴儿期，如果口腔的可用性受挫，那么力比多也可能会过早地从口腔转移到生殖器官。这种特殊转向与婴儿的手淫有关，并且似乎是癔症病理学的一个重要特征。

我现在试图说明我对经典性欲理论的某些特征感到不满的原因。我曾指出这一理论需要修正的方向。我提出的主要改变所采用的原则是，力比多本质上是寻求客体的，而所有其他的改变都是从寻求客体开始的。我们不难理解，这些变化所涉及的观点与亚伯拉罕的力比多发展理论是不相容的，因为亚伯拉罕的力比多发展理论是建立在性欲区概念的基础之上的。我现在不打算对亚伯拉罕的图式进行任何详细的批评；但是很明显，如果性欲区概念有什么错误的话，那么以此概念为基础的发展图式也会有问题。这并不是说亚伯拉罕对客体关系的重要性漠不关心——他对客体关系重要性的认识在其著作中显而易见。然而在我看来，他犯了一个普遍性的错误，那就是把个人在客体关系中真正使用的技巧赋予了力比多阶段的地位；而这主要是由于他不加批判地接受了性欲区概念。我们必须记住，尽管他对客体关系的重要性绝非漠不关心，但他有一个很大的劣势。因为他在通过梅兰妮·克莱茵的著作注意到内化客体的重要性之前，已经形成了自己的理论。从梅兰妮·克莱茵的研究及其后续发展来看，如果不考虑个人与内部客体的关系并给予其应有的重视，我们就不可能公正地对待个人的客体关系；只有做到这一点，我们才有可能认识到亚伯拉罕用阶段来解释的现象的真正意义——但在我看来，我们更应该用技术来解释这些现象。

从客体关系心理学的观点来看，任何力比多发展图式都不能令人满意，除非它建立在对各个阶段发展中个体的自然和生物客体的考虑的基础上。毋庸置疑的是，儿童最初阶段的自然客体是他的母亲——更具体地说是她的乳房；但随着发育成长，力比多的焦点会发生变化，最初主要集中于母亲乳房的兴趣会逐渐转向整个母亲。同样毫无疑问的是，在发育的另一端，父母之外的异性客体的生殖器官在力比多兴趣中所占的位置应该与母亲乳房最初所占的位置相当；如果你以为这一兴趣在后期与在早期一样主要与身体器官有关，那就大错特错了。这里有两个可识别的阶段，一个是较低的阶段，一个是较高的阶段，我们根据适当的生物客体很容易对它们做出区分。那么问题就出现了：个体从一个阶段走向另一阶段经历了什么步骤？现在我们在发展过程中不可能找到任何适合的生物客体能在初始阶段与最终阶段的客体之间起中介作用。这就带来了一个阶段和另一阶段之间过渡过程的问题。过渡阶段是非常漫长和复杂的，我们必须把它看作其他两个阶段之间的一个特殊的中间阶段。因此，我们就形成了一种力比多发展理论，其中包括三个阶段：（1）乳房是适当的生物客体的阶段，（2）过渡阶段，（3）异性的生殖器官成了适当的生物客体的阶段。在这些阶段的发展过程中，个人与客体之间关系的逐步扩展和发展以其与母亲的几乎是排他的、极度依赖的关系为起点，最终将发展成一个非常复杂的社会关系系统，其中包括各种程度的亲密关系。个人关系受到与适当的生物客体之间的关系的深刻影响，但并非完全依赖于它——尽管儿童越年幼，后者对前者的影响越大。当然，从社会角度来说，个人关系是最重要的，因此，我们在评估各个阶段的重要性时必须考虑这些关系。此外，它们的重要性在其命名上也得到了一定的反映。诚然，在最早的阶段，儿童对乳房的态度可以被描述为口唇的；但这只是因为它是吞并性的，且吞并的器官是嘴。儿童与母亲这一个人关系的突出特征是一种极度依赖；这种依赖反映在初级认同（primary identification）①的心理过程中，由于这一过程，与客体的分离就成了儿童最大的焦虑来源（正如我在战争精神病学方面的经验所证明的那样，它是患有神经质的士兵焦虑的最主要来源）。综合多方面进行考虑，将第一阶段描述为婴儿依赖阶段似乎最为恰当——这并不妨碍这种依赖主要表现为一种趋向客体的口腔吞并态度，以及一种趋向客体的初级情感认同态度。将最后一个阶段描述为成熟依赖阶段而非独立阶段似乎最为合适，因为建立关系的能力必然意味着某种程度的依赖。成熟依赖与婴儿依赖之间的区别就在于，成熟依赖没有片面的吞并态度的特点，也没有初级情感认同态度的特点；相反，它的特点是一个差异化的个体有能力与不同的客体建立合作关系。就适当的生物客体而言，其关系是生殖性的，涉及两个相互依赖的个体之间均衡的索取与给予，而这两个个体之间的依赖程度并无不同。这种关系的特点是不存在初级认同和吞并。这是一种理想的状态，在现实生活中不可能完全实现，因为谁的力比多发展都不是一帆风顺的。中间阶段已被描述为过渡阶段。这个名称似乎最恰当不过，因为它是由过渡时期的困难和冲突所引起的一个充满变数的阶段。正如预想的那样，它不仅是一个典型的冲突阶段，也是一个具有防御技术特征的阶段。在这些防御技术中，有四种心理技术脱颖而出：偏执、强迫、癔症和恐惧。这四种技术并不对应于任何可识别的力比多阶段，它们是试图应对过渡阶段困难的四种可互换的策略。我们有必要提醒自己，在试图从这个阶段过渡的过程中，吞并态度起到了重要的作用。吞

---

① 我使用术语"初级认同"来表示认同主体对尚未与自己区分开来（或仅被部分地区分开）的客体进行情感贯注（cathexis）的过程。这一过程不同于我们平常所描述的"认同"过程——前者是一种由情感决定的倾向，它将一个已经被区分（或被部分区分）的客体视为未被区分的客体。后者可被恰当地描述为"次级认同"（secondary identification）。

并不仅体现在吃奶上，还体现在对客体的心理内化上，即把客体的表征整合进心理结构中的心理吞并。因此，过渡时期的主要任务不仅是与分化的外部客体建立关系，而且是与已经内化的客体建立关系。过渡阶段的任务还包括放弃在第一阶段所建立的关系，这一事实使得情况变得复杂。由于前期建立关系的矛盾情感以及将客体分裂为好客体和坏客体，情况就变得更加复杂了。因此，试图摆脱客体成为过渡阶段的显著特征；这不仅适用于外部客体，也适用于内部客体。正因如此——而不是由于任何固有的肛门期的出现——基于排除、排泄过程的技术才逐渐被如此自由地使用；尤其是在过渡阶段的早期，当个体试图摆脱先前的客体时，这些技术自然会比在后期发挥更加突出的作用。必须强调的是，在过渡阶段形成精神病理化基础的各种技术代表了处理内化客体的可供选择的不同方法——实际上是试图摆脱早期内化的客体而又不失去它们的方法。

我现在不打算讨论各种过渡技术的典型特征，我只能简单地说，它们的本质区别在于处理内部客体的不同方式。我们也不可能长篇大论地讨论在婴儿依赖阶段形成精神病理化基础的过程。我只想提请大家注意，我极为重视第一阶段中最早出现的发展，我认为这些发展的过程是：

（1）内化的坏客体分裂成令人兴奋的客体和令人拒绝的客体；

（2）自我对这两个客体进行压抑；

（3）自我的被分裂出去的部分和被压抑的部分仍依恋被压抑的客体——我分别将其描述为力比多自我和内部破坏者；

（4）由此导致一种状态——我称之为基本内心状态。在这种状态下，我们发现中心自我通过直接压抑对依恋令人兴奋的客体的力比多自我和依恋令人拒绝的客体的内部破坏者实施攻击；

（5）与令人拒绝的客体相一致的内部破坏者对与令人兴奋的客体相一

致的力比多自我实施攻击——我称之为间接压抑的过程。

我已经简要提过基本内心状态的最突出特征,它是通过自我的分裂而产生的,因此涉及分裂样心位的建立。这种心位在第一阶段的早期就确立了,先于抑郁心位,后者已经被梅兰妮·克莱茵详细描述过,它只会在原始的单一自我出现分裂且分裂样心位确立之后才会出现。说到这里,我们有必要解释一下之前没有机会解释的问题——我认为第一阶段分为早、晚两个时期,晚期啃咬倾向的出现区别于早期的吮吸倾向,晚期啃咬与吮吸并存。这种区别是与亚伯拉罕的口唇前期和口唇后期的区别相对应的。儿童只有到了后期能够想象破坏性的咬和吞并性的吮吸所产生的情景时,才会出现抑郁性状态。然而,我倾向于坚持这一主张,即在基本内心状态中所表现出的分裂样心位,构成了随后可能发生的所有精神病理化的基础。只有在这一心位建立之后,内心结构的分化才有可能出现——弗洛伊德曾试图用本我、自我、超我阐述这一点。

我的"内心结构"的概念与弗洛伊德所阐述的概念最明显的不同在于,它最终建立在对内化客体的压抑之上。如果不考虑这些客体的压抑,那么它们之间显然存在着总体上的对应关系。如此一来,中心自我对应于弗洛伊德的"自我";力比多自我对应于弗洛伊德的"本我";内部破坏者对应于弗洛伊德的"超我"。然而,在这种对应关系之下还存在着概念上的深刻差异。我所设想的自我结构(中心自我和两个附属自我)都被认为是固有的动力结构,是由最初存在的原始和单一的动力性自我结构分裂而产生的。相反,弗洛伊德所描述的心理结构的三个部分,并不都是固有的动力结构。因为就其本身而言,"自我"被构想为一种没有能量的结构,而"本我"被构想为一种没有结构的能量源,"超我"则是一种动力结构;然而,由于所有心理能量都被认为是源自"本我"的,因此,

"超我"显然与"自我"一样,也是无能量的结构——它从自身外部获取能量。弗洛伊德心理结构理论的另一个特征是,"自我"不是一个原始的结构,而是在"本我"未分化的母体表面上发展出来的结构;它会以所谓的"冲动"的形式持续取得能量。相反,根据我的理论,所有的自我结构都被构想为固有的、动力性的——中心自我代表了原始、单一、动力性的自我结构;附属自我随后逐渐从其中分离而来。当弗洛伊德认为结构性的"自我"是无结构的"本我"的衍生物时,我认为力比多自我(对应于"本我")是原始的、动力性自我分离出来的一个部分。弗洛伊德总是认为"超我"在某种意义上是"自我"的衍生物,从这一方面来说,"超我"与内部破坏者并无区别——除了它的能量是衍生物。然而,弗洛伊德也将超我描述为一种内化的客体——就这一身份而言,"超我"所扮演的角色类似于我所描述的令人拒绝的客体(依附于内部破坏者)所扮演的角色。我不认为"超我"概念被内部破坏者和令人兴奋的客体概念所涵盖;事实上,我会把"超我"这一术语引入我的图式,来意指一个内化的客体。当中心自我拒绝并压抑令人兴奋的客体和令人拒绝的客体时,它仍然会将"超我"视为"好的"并对之投注情感。

我自己的内心结构理论与弗洛伊德心理结构理论之间的根本区别源于这样一个事实,即当我采用弗洛伊德的精神分析方法来研究上面讨论过的现象时,我采用了与他不同的基本科学原理。原理的差异性和方法的相似性共同解释了我与他的观点既一致又不同。真实的情况似乎是,我的观点主要是根据一套不同的基本科学原理来重新解释弗洛伊德的观点。我们理论的核心差异有两个:

(1)尽管弗洛伊德的整个思想体系是涉及客体关系的,但他在理论上坚持的原则是,力比多与寻求快乐有关,即与缓解其自身的紧张有关。

这意味着弗洛伊德认为力比多是无指向性的，尽管他的某些陈述无疑暗含了相反的观点。相对而言，我坚持的原则是，力比多本质上是寻求客体的，需要缓解的紧张是寻求客体倾向的紧张。在我看来，力比多是有指向性的。

（2）弗洛伊德从先验的立场出发来探讨心理问题，即心理能量本质上不同于心理结构。而我逐渐采用了动力性结构的原则——根据这一原则，无能量的结构和无结构的能量都是毫无意义的概念。

在这两点主要差异之中，后一点是更根本的，因为前者似乎依赖于后者。弗洛伊德认为力比多本质上是寻求快乐的，这直接源于他将能量与结构割裂开来；因为一旦将能量与结构割裂开来，唯一能被视为非干扰性的心理变化就是确立力量平衡的变化，即无方向的变化。但是，如果我们认为能量与结构是不可分离的，那么唯一可以理解的改变就是结构关系和结构之间的关系的改变——这些改变本质上是具有指向性的。当然，经过深思熟虑，我们会发现弗洛伊德将能量与结构割裂开来，是由于当时的科学氛围对他思想的限制。现代社会的一个奇特现象是，一个时期的科学氛围似乎总是由当时的物理概观念所主导。在弗洛伊德时代的科学氛围中，人们认为物理宇宙是由惰性的、不变的、不可分割的微粒组成的集合体，而微粒的运动是由从微粒本身分离出来的一定数量的能量所赋予的，这在很大程度上是由亥姆霍兹的观念所主导的。然而，现代原子物理学改变了这一切。就精神分析来说，能量与结构分离带来的一个不幸结果就是，精神分析理论在动力学方面不恰当地渗透了假定的"冲动"和"本能"的概念——它们轰炸被动的结构，就像正在进行的空袭一样。因此，随便选择一个事例，我们就会发现马乔里·布莱尔利所说的"本能是心理活动的刺激源"。但是，从动力结构的立场来看，"本能"不是心理活动的刺激源，其本身就是心理结构方面的典型活动。同样，可以说"冲动"也不是一种突然对一个惊讶的、可能有点儿痛苦的自我的刺激，而是活动中的心理结构——一种关于某人或某人做某事的心理结构。实际上，从动力结构的角度来看，"本能"和"冲动"这两个术语，就像心理学中使用的许多术语一样，都是误导性的假定，只会混淆视听。事实上，这些术语只有在用作形容词时——如当我们谈到"本能的倾向"或"冲动的行为"时——才是有用的。这时，它们才能既涉及心理结构，又涉及客体关系。

现在，我试图对我在1939—1945年所得出的各种理论结论中最基本的部分做出说明。我发现自己有一个特殊的机会，可以从新的角度重新考虑经典问题。谨慎地说，我被指引接纳的取向就是一种明确的客体关系心理学——回想起来，我可以看到这一观点在我早年的一些论文中已有体现。正如事实证明的那样，经由这一方法获得的结果必然会带来观点的进一步转变，从而明确了动力结构心理学的作用。我希望前面的论述不仅能说明我的主要结论，而且能说明动力结构心理学从客体关系心理学中发展而来的过程。

6　人格客体关系理论的发展步骤（1949）

　　1909年，在我第一次了解到心理学学术研究时，我立即就被洞悉人类行为的主要动机这一前景所吸引了。但是没过多久，我便发现在呈现给我的关于精神生活的描述中有些明显的疏漏，尤其是几乎完全忽略了两种重要的现象，即"性"与"良心"。多年以后，我注意到了心理学家弗洛伊德，他的理论中几乎没有这样的明显疏漏。此后，我主要的心理学兴趣被吸引到了他的研究所开启的方向上，尤其是因为他所研究的精神病理学领域也是我自己特别关注的。但是，我总是很难接受弗洛伊德理论的一个主要观点，即他的心理享乐主义。这或多或少是因为我在接受哲学训练的过程中熟悉了由约翰·斯图亚特·密尔最早提出的享乐主义理论所遭遇的困境，并发现这位作者的思想不可避免地从追求快乐的心理原则向"最大多数人的最大幸福"的伦理原则转变的过程。当然，与不可变更的社会生活事实不同的是，这一转变实现了。这也揭示了为什么我们很难从追求快乐的原则角度对客体关系做出令人满意的解释。在弗洛伊德思想的发展中，我们可以发现一个类似的转变——从性欲理论转向超我理论。在性欲理论中，力比多被构想为本质上是寻求快乐的，而超我理论旨在揭示在客体关系的压力下，寻求快乐的原则如何从属于道德原则。这里，我们再次指出,正是社会生活现实的冷酷性揭示了享乐主义理论的不足。直至提出超我理论的构想,弗洛伊德才开始在《群体心理学与自我分析》中尝试系统地解释群体生活现象。在这部著作中,他根据个体对领袖的共同忠诚来解释社会群体的凝聚力——领袖被认为具有个体超我的外在代表的功能。当然,群体领袖也被设想为父亲形象;而这反映了一个事实,即弗洛伊德已经把超我视为父母形象在内心中的代表。父母形象是在童年期出于控制俄狄浦斯情境的内在需要而被内化的。我们可以看到,俄狄浦斯情境本身暗示了客体关系的存在和作为社会群体的家庭的存在。同时,超我显然是儿童客体关系的产物,也是控制他们的手段;当然,它本身就是一个内部客体。需要进一步指出的是,弗洛伊德的自我理论与他的"超我是压抑的煽动者"理论是联系在一起的;他的自我理论就建立在对压抑因的研究之上。弗洛伊德的思想进步是从他最初的行为由快乐追求决定的理论发展到以自我与内外部客体之间的关系为基础的人格理论。根据后一种理论,人格的本质是由外部客体的内化所决定的,群体关系的本质是由内部客体的外化或投射所决定的。在这一发展中,我们察觉到了人格的"客体关系"理论的根源——这一理论的基础是,客体关系存在于人格内部以及人格与外部客体之间。

梅兰妮·克莱茵进一步推动了这一发展,她的分析研究使她认为内部客体在人格发展中日益重要。在弗洛伊德的理论中,超我是唯一被认可的内部客体,它通过内部父母的角色发挥着良心的功能。梅兰妮·克莱茵接受了"超我"这个概念,但她也设想了其他内摄客体的存在——好客体与坏客体、温和客体与迫害性客体、整体客体与部分客体。她认为,这些不同客体的内摄是婴儿期口欲阶段中主要和典型的口唇合并幻想的结果。这一观点引发了论战,我不打算在此赘述。在我看来,梅兰妮·克莱茵对口唇合并客体的幻想如何能引起作为内心结构的内部客体的建立，从未给出令人满意的解释——将幻想虚构出来的客体说成是内部客体并不恰当。尽管如此，梅兰妮·克莱茵继续将内部客体的好坏归因于儿童口唇活动的成分——它们的好与力比多因素有关，它们的坏与攻击性因素有关，这与弗洛伊德的本能二元论是一致的。在发展和扩大内部客体概念的同时，梅兰妮·克莱茵还发展和扩充了内摄和投射的概念，从而用外部客体的内摄和内化客体的投射之间持续的相互作用来展现儿童的心理生活。因此，儿童人格发展所采取的形式在很大程度上可以用客体关系来解释。

总之，在我看来，梅兰妮·克莱茵的观点从一开始似乎就代表了精神分析理论的一个重大发展。然而，随着时间的推移，我越来越确信，在某些重要方面，她未能将自己的观点推向合乎逻辑的结论。最主要的问题就是，她仍旧不加批判地坚持弗洛伊德的享乐主义性欲理论。在我看来，如果客体的内摄及其在内心世界中的永久存在如她所说的那样重要，那么我们很难仅仅将其归因于儿童口欲冲动的存在或力比多享乐的强迫。我们似乎必须要指出这样一个结论：力比多本质上不是寻求快乐的，而是寻求客体的。这是我在1941年发表的论文中所给出的结论，之后我一直坚持这一结论。这一结论涉及对弗洛伊德性欲区概念的修正：这些区域本身不适于被看作寻求快乐目标的根源——这个目标或多或少会利用客体；这些区域实际上构成了适合实现力比多目标的渠道——这个目标来源于自我，旨在与客体建立令人满意的关系。

与我不同的是，梅兰妮·克莱茵保留了亚伯拉罕的力比多发展理论。这个理论基于弗洛伊德的性欲区理论做出了一系列关于力比多阶段发展的假设，认为每个阶段都以一个特定区域为主导。如果说亚伯拉罕对客体关系毫不关心，这对他而言是不公正的。他试图让每个阶段都不仅代表力比多组织中的一个阶段，而且代表客体爱的发展中的一个阶段。他的理论是根据性欲区而非适当的客体来描述各阶段的，因此，他说的是"口唇"阶段而非"乳房"阶段。另外，他的理论将每一种典型的精神病和神经官能症都归因于特定阶段的固着。我在1941年的论文中对此提出了批评。我根据客体依赖的本质阐述了一种理论，以代替亚伯拉罕的力比多发展理论。我概述了一个发展过程，即在过渡的中间阶段，最初的婴儿依赖状态被最终的成年依赖状态所取代。我还提出，除了精神分裂症和抑郁症以外，各种典型的精神病理症状所代表的并不是固定在特定的力比多阶段，而是调节与内部客体关系的特定技术。我认为这些技术是在从婴儿依赖到成人依赖发展的过渡阶段中为了保护日渐发展的人格免受早期客体关系中所包含的冲突的影响而产生的。另外，我还指出精神分裂症和抑郁症代表了这些技术原本要避免出现的心理状态，它们起源于最初的婴儿依赖阶段。

弗洛伊德最初采用且一直坚持的冲动心理学是精神分析思想的一个特点；这被梅兰妮·克莱茵不加质疑地继承了，但是我现在认为她的研究过时了。回过头来看，我放弃冲动心理学始于用寻求客体的观点重新阐释性欲理论。我在这个方向上迈出了更明显的一步，在1943年发表的论文中探讨了修正性欲理论对经典压抑理论的意义。当时，我引用了弗洛伊德的论述："然而，超我不仅仅是本我最早的客体选择留下的沉淀物；它还代表着针对这些选择的积极的反应形成。"弗洛伊德在把超我描述为客体选择的沉淀物时认为它是一个内在客体；而当他把超我描述为反对客体选择的反应形成时，他将超我视为压抑的煽动者。在我看来，很明显的是，如果压抑包含了针对客体选择的反应，那么它必定是指向客体的——像超我一样，客体也是内部的，但与超我不同的是，它被自我所拒绝。我认为，这个基于弗洛伊德理论得出的观点，相较于弗洛伊德提出的"压抑是针对有罪疚冲动的"，似乎更合乎逻辑。从这个角度来看，内疚感或个人道德上坏的感觉相对于客体坏的感觉来说是次要的。它似乎是紧张状态下的产物——这种紧张起因于自我与作为好的、被接受的内部客体的超我之间的关系冲突，以及该客体与其他内部"坏"客体之间的关系。内疚感本身就是一种对与坏客体之间关系的防御。根据这些结论，我们首先要确定儿童为什么要把那些他所认为的坏的东西融入自己的内心。在我看来，儿童内化坏客体在某种程度上是为了控制它们（出于一种攻击性动机），但主要是因为他感受到了对它们的力比多需要。因此，我把注意力转向了心理治疗的阻抗现象中积极的力比多依恋对内部坏客体所起的作用。如此，我无疑背离了弗洛伊德的原则，即阻抗完全是压抑的表现。

在这篇论文中，我将注意力更多地集中于冲动心理学的弱点，并采纳了一种普遍的观点，即不可将所谓的"冲动"从内心结构和关系中分离出来。冲动不仅为内心结构赋予了能量，还使这些结构与客体建立了关系。按照这一思路，我设想用一种新的动力结构心理学代替冲动心理学，弗洛伊德采纳了后者并认为它永不过时。这一步涉及我对弗洛伊德以本我、自我和超我术语描述的心理结构的批评性研究。这项研究从一开始就揭示了动力结构心理学与弗洛伊德的本我概念之间的内在不相容性。弗洛伊德认为本我是本能冲动的储存库，而自我是在本我表面上发展起来的一种结构，用于调节本我冲动与外部现实之间的关系。很明显，只有摈弃本我与自我之间的区别、把自我视为一种本身就是冲动张力来源的原始结构，我们才能坚持这一动力结构原则。此外，自我中的冲动张力必须被视为固有地指向外部现实，并且最初是由现实原则所决定的。从这个角度来看，儿童的适应能力不足在很大程度上是由于缺乏与如下事实相关的经验，即人类的本能禀赋只能以一般趋势的形式呈现。这就需要通过经验使他们获得更具差异化的严格的模式。由于缺乏经验，儿童更容易情绪化和冲动，并且难以忍受自己遇到的挫折。这些不同的因素都必须被考虑在内。只有当适应状况对儿童来说变得过于困难时，现实原则才会让位于快乐原则，用一种次要的、退化的（而不是退行的）行为缓解紧张并提供补偿性满足。这里，我可能要以类似的方式补充一下，我认为攻击性相较于力比多是次要的。这一点也不同于弗洛伊德，他认为攻击性是一种独立的主要因素（是一种单独的"本能"）。

修正的自我概念涉及对压抑理论的重新思考。在弗洛伊德看来，压抑是指向冲动的；为了解释压抑的动因，他觉得必须假定存在一个能煽动压抑的结构（超我）。因此，当我假设存在被压抑的结构时，我只是沿着同一方向更进了一步——正如我在记录主要被压抑的是内部坏客体时所做的那样。当我迈出这一步时，我认为冲动也在次级意义上受到了压抑。当我接受了动力结构心理学之后，这种观点就不再成立了；我转而认为，受到次级压抑的是自我中与被压抑客体关系最密切的那一部分。这一观念向我们展示了自我的分裂现象，其特征是自我的一个动力部分被另一个动力部分所压抑，而不是被更核心的自我部分所压抑。

值得注意的是，弗洛伊德早期对被压抑物本质的研究的基础是对癔症的研究，而他后期对压抑动因（agency of repression）本质的研究的基础却是对忧郁症的研究。虽然我们不能冒昧地说这种基础的改变是一个历史性的错误，但弗洛伊德未能在研究被压抑物的基础上继续研究压抑的动因，因而未能使癔症现象成为其心理结构理论的基础，这似乎是一件令人遗憾的事情。在我看来，弗洛伊德之所以会改变立场，是因为他所坚持的心理享乐主义和相关的冲动心理学造成的僵局，这使他无法设想癔症中存在自我分裂的过程。当然，自我分裂是一种典型的与精神分裂症相关的现象。因此可以说，弗洛伊德的观点建立在梅兰妮·克莱茵后来所描述的"抑郁心位"之上，而我的观点建立在"分裂样心位"之上。可以认为，我的观点比弗洛伊德的观点更具有根本性的依据，因为精神分裂是一种比忧郁更原始的状态。同时，我的基于自我分裂概念的人格理论，似乎比弗洛伊德的基于压抑未分裂自我的冲动的人格理论更接近本质。我现在构想的理论显然更适合用于解释多重人格等病例中的极端表现。但是，正如珍妮特指出的那样，这些极端表现只是癔症特有的分离现象的夸张例子。如果我们贯彻"回到癔症"这一口号，就会发现我们面对的是分裂现象，而这正是我的压抑理论的依据。

就此而言，我有必要指出，根据弗洛伊德的理论，作为压抑煽动者的超我绝不比被压抑物本身更具意识。为什么超我应是潜意识的？弗洛伊德从未对此给出令人满意的答案。而现在的问题是：超我本身是否不会受到压抑？与弗洛伊德的"超我"相对应的结构实际上是受到压抑的。我设想的情境是以内化的坏客体的分裂为基础的。我已解释过，压抑内化的坏客体导致与该客体有着最密切力比多联系的自我部分受到压抑。如果客体分裂了，那么自我的两个部分也会从中心自我中分裂出来；每个部分的自我都会依附于那个部分客体。根据我的构想，内化的坏客体具有两个方面——令人兴奋的方面和令人拒绝的方面。这种二元性特征是客体分裂为令人兴奋的客体和令人拒绝的客体的基础。压抑令人兴奋的客体伴随着原始自我的一部分的分裂和压抑——我将其描述为"力比多自我"；压抑令人拒绝的客体伴随着原始自我的另一部分的分裂和压抑——我将其描述为

"内部破坏者"。内部破坏者这一概念绝不等同于超我的概念,[①]但是与令人拒绝的客体相关联。这部分自我的目标与"力比多自我"的目标背道而驰,因此招致了它的敌对。内部破坏者与力比多自我的这种敌对与中心自我对力比多自我的压抑是一致的,因此我将内部破坏者与力比多自我的敌对过程描述为"间接压抑"。这种间接压抑似乎是弗洛伊德主要关注的方面,也是他的压抑理论的基础。

我已将上面概述的过程所产生的内部情境描述为"基本内心状态"。其中所涉及的三个自我结构(中心自我和两个附属自我)大致对应于弗洛伊德的自我、本我和超我(弗洛伊德认为它们是固有的、动力性的自我结构,相互之间存在动态模式;本我是没有结构的能量源;自我和超我是没有任何能量的结构,只能从本我那里间接获得的能量)。尽管弗洛伊德认为超我是一种内化的客体并取得了准自我的地位,但是由于他不认为原始的本我本质上是寻求客体的,所以他的理论很难连贯地解释超我的内化。根据我的观点,客体的内化是原始的寻求客体的自我在面对其早期客体关系变迁时,对其力比多需求的直接表达。通过自我的分裂,人格内部结构的分化也可以用自我与内化客体之间的关系来解释;而这些关系又会影响原始自我分裂成的各个部分之间的关系。因此,我们意识到,将我的这一理论称为"人格的客体关系理论"是非常合适的。

最后,我要对我刚刚提及的基本内心状态做一个补充。从地形学角度来看,这种情况一旦确定,似乎就相对地不可变更了;从经济学角度来

[①] 我保留"超我"这一术语,以便于描述被中心自我接受为"好的"、情感贯注的内部客体,它在随后建立的组织层面以及现在正在考虑的基本层面上,似乎作为自我的理想发挥着作用。我认为,中心自我对这一客体的情感贯注构成了附属自我对内部坏客体的情感贯注的防御,并为内心世界的道德价值观的建立提供了基础。

说，似乎存在相当多的动力模式——这些模式更为典型的特征与精神病学教科书中所描述的各种精神病理性状态相对应。然而，这些模式的细节及其与症状学的关系只有经过大量研究才能确定。不论如何，我所给出的一般解释必须足以阐明"人格的客体关系理论"。我相信，这种解释的历史形态将会证明它的目的是正确的——通过描述在该理论发展中决定其步骤的各种考虑，来指明这种理论存在的根源。

7 关于人格结构观点的发展简述（1951）

我在《一种修正的精神病和精神神经症的精神病理学》中记录了我的观察结果，即自我分裂的证据不仅存在于明显的精神分裂状态中，也存在于精神神经症中，甚至存在于一般的精神病理性状态中。这一观察所依据的资料也使我质疑弗洛伊德的性欲理论的有效性，因为他认为（1）力比多在本质上就是寻求快乐的，（2）性欲区在决定自我发展中起着重要作用。不可避免地，我也要质疑亚伯拉罕的自我发展阶段理论以及以此为基础的病因学理论的有效性。因此，我试图重新阐述这些基本的精神分析概念（性欲理论、自我发展理论和病因学理论），使它们更符合我观察到的临床资料，从而提高它们的解释性价值。我所重新阐述的概念的主要特征如下：

（1）力比多本质上是寻求客体的；

（2）性欲区本身并不是力比多目标的主要决定因素，而是调节自我原初的客体寻求目标的渠道；

（3）任何令人满意的自我发展理论都必须从与客体的关系的角度来构思，特别是与早年生活中在匮乏和挫折压力下被内化客体的关系；

（4）除了"口唇阶段"之外，亚伯拉罕所描述"阶段"实际上都是自我用来调节与客体的关系的技术，尤其是与内化客体的关系；

（5）除了精神分裂症和抑郁症之外，被亚伯拉罕归因于特定阶段固着的精神病理性状态实际上都与特定技术的使用有关。

由此，我提出了一个以客体关系理论为基础的自我发展理论，它体现出以下特征：

（1）在自我发展的过程中，其特点是以对客体的初级认同为基础，摈弃婴儿原始依赖状态，转而进入以客体与自我的分化为基础的成人或成熟依赖状态；

（2）自我发展的过程包括三个阶段，即婴儿依赖阶段（对应于亚伯拉罕的"口唇期"）、过渡阶段、成人或成熟依赖阶段（对应于亚伯拉罕的"后生殖器期"）；

（3）在病因学上，精神分裂症和抑郁症都与婴儿依赖阶段中的发展障碍有关——精神分裂症与吮吸（爱）方面的客体关系障碍有关，抑郁症与啃咬（恨）方面的客体关系障碍有关；

（4）强迫症、偏执症、癔症和恐惧症症状的病因学意义都源于这一事实，即它们反映了自我在过渡阶段试图通过使用四种特定的技巧，而根据自我在婴儿依赖阶段与之发生关系的客体的内化所导致的内心状况来处理客体关系中出现的困难；

（5）这四种过渡技巧具有抵御自我发展第一阶段出现的精神分裂倾向和抑郁倾向的功能；

（6）当然，抑郁的典型情感状态是抑郁，而精神分裂的典型情感状态是虚无感；

（7）在婴儿依赖阶段中占主导的持久存在的精神分裂和抑郁倾向促生了两种截然相反的个体类型——精神分裂症患者（内倾者）和抑郁症患者

(外倾者)。

早在1943年，我就通过论文指出，弗洛伊德后来对自我的本质和成长的研究是基于冲动心理学的。冲动心理学曾出现在他早期的研究中，但他没有试图根据后来的结构概念来修正它。我还指出，只有以客体关系心理学为基础，考虑到自我与内化客体以及外部客体之间的关系，我们才可能实现冲动和自我结构概念之间的整合。我回顾弗洛伊德的"力比多本质上是寻求客体的"这个结论，进而考虑它对压抑理论的影响。我还分析了弗洛伊德关于"本我最早的客体选择留下的沉积物""本我代表了一种对那些选择的积极的反应形成"的论述。从客体关系心理学的角度来看，我认为这似乎意味着，虽然超我显然是一个内化的客体并与自我有着某种程度的认同关系，但压抑主要针对的必须是与自我有着类似关系的其他内化客体。因此，我明确阐述了这一观点，即压抑代表着自我的一种防御性反应，它主要针对的不是难以忍受的不愉快记忆（如弗洛伊德早期的观点），也不是难以忍受的罪恶冲动（如弗洛伊德后来的观点），而是那些对自我来说似乎难以忍受的坏的内化客体。对遭受性侵犯的儿童反应的观察支持了这一结论。

我通过对家庭情况不理想的儿童反应的观察来支持这样一种观点：坏客体的内化代表了儿童试图自己承担客体明显的"坏"，以便使客体处于"好"的环境中，由此使环境变得更可忍受一些。这种建立外在安全感的防御性尝试是以内心的不安全感为代价的，会使自我任由内心的迫害者摆布。正是因为要抵御这种内心的不安全感，所以自我才产生了对内化的坏客体的压抑。我们可以如此描述这个过程：（1）坏客体的内化；（2）坏客体在内化后受到压抑，在此期间自我使用两种防御技术来解决客体关系中的困难；（3）一种更深层的防御方法发挥了重要作用，我称之为"道德防御",它相当于"超我的防御"。我认为,到目前为止,关于坏客体的描述都是"无条件的"(力比多的)坏而非"有条件的"(道德的)坏,因为儿童的自我认同了这些客体,所以他觉得自己是无条件坏的。道德防御的目的是通过为儿童提供有条件的(道德的)好和坏的可能性,来改善这一难以容忍的情境。这个目的可通过补偿性的好客体的内化来实现,而补偿性的好客体会承担起超我的角色。有条件的好取决于对好的内化客体的主要认同,而有条件的坏取决于对坏客体的主要认同。这两种选择方案都比无条件的坏更合乎人意——即便是有条件的坏也增加了悔改和宽恕的可能性。由此得出的结论是,压抑和道德防御(超我的防御)是独立的防御技术,但它们之间也会相互转化。因此,减轻内疚的分析性解释实际上可能会增强压抑。然而,只要能克服压抑造成的阻力,被压抑的坏客体就会在意识领域得到"重现"。这种威胁在很大程度上会导致移情神经症;但是,它在治疗上是必要的,有助于消解对内化的坏客体的情感贯注。消解情感贯注具有特殊的治疗意义。

我的观点是,就被压抑的坏客体而言,对客体的情感贯注本身就起到了阻抗的作用。弗洛伊德的观点与此相矛盾,他认为"被压抑物"本身并不会对治疗努力提出阻抗。但是,从"力比多是寻求客体的,而压抑主要是针对内化客体(而不是冲动)的"这一观点来看,我的结论是不可避免的。沿着这一方向思考,我们可以找到对消极治疗反应的解释。只要情感贯注于内化的、被压抑的坏客体,力比多目标就会与治疗目标产生冲突。我们必须承认,被压抑的坏客体的重现本身并不具有治疗作用。事实上,客体带有威胁性的重现以及自我对它们的防御作用共同引发了症状,驱使患者前来寻求分析的帮助。对自我来说,偏执是一种防御技术,它包括主动投射被压抑的坏客体(针对"被压抑的冲动");与之不同,被压抑的坏客体的自发性重现并非一种投射现象，而是一种移情现象。患者很快会感觉到治疗努力恐怕会重现其防御所抵抗的那种情境。只有在与分析师建立真正的"好的"客体关系的情境下，被压抑的坏客体的重现才能通过修通分析性的移情情境服务于治疗目标。就被压抑的坏客体的自发性重现而言，作为诱发因素的创伤情境发挥了重要作用——由此可以寻找对战争神经症的解释。

对于弗洛伊德所描述的"强迫性重复"现象，我们也必须从被压抑的坏客体的大规模重现中寻找解释的方法。与其说强迫性重复是强迫性地重复创伤情境，不如说它因坏客体的纠缠所导致的所有的防御都已崩溃，再也无法逃避（死亡除外）。这样看来，强迫性重复这个概念的解释价值就大大降低了。我们一旦认识到对内化坏客体的力比多投注的所有含义，弗洛伊德的"死本能"概念似乎也变得多余了。如果对客体的情感贯注不可避免地调用了动力性的反力比多因素，我们就能根据客体关系来解释这一因素，而无须求助于任何特定的"死本能"理论。

关于战争神经症，我还要补充两个结论：（1）对那些保留了不适当的婴儿依赖状态的个体（以认同倾向为特征）而言，服兵役本身就代表了一种创伤情境，容易造成内化的坏客体的重现，因为它涉及与熟悉的、相对较好的且已在现实生活中与之建立认同关系的客体的一定程度的分离（与此事实相一致的是，分离焦虑是军人精神崩溃的最显著特征）；（2）与内化的坏客体的重现有关的压抑失败伴随着道德防御的失败，这会导致（正如弗洛伊德表明的那样）群体士气所依靠的超我权威不再起作用——通过解除将军人与军队联系在一起的力比多贯注，他在精神上不再是一名军人了。

在《客体关系视角下的心理结构》（1944）一文中，我尤其关注的一个事实是，内化客体的整个概念就像它所产生的更为有限的超我概念一样，是在没有对弗洛伊德最初的冲动心理学做出任何重大修改的情况下发展起来的。我还注意到了冲动心理学固有的临床局限性——它不能对分析治疗中释放的假定"冲动"的处理给出有效的解释。我指出，"冲动"的处理在本质上是一个客体关系问题，也是一个人格问题；但人格问题和自我结构与内化客体的关系息息相关。"冲动"必然涉及客体关系，但我们不能脱离自我结构来看待它们，因为只有自我结构才会寻求与客体的关系。我们必须认为"冲动"仅代表了自我结构的动力部分，因此就有必要以一种新的动力结构心理学代替旧的冲动心理学——这一步显然包含了对弗洛伊德基于本我、自我和超我的心理结构的批评性考察。这样一种考察立即揭示了任何动态结构心理学与弗洛伊德如下概念之间的内在不相容性：（1）本我是本能冲动的仓库，（2）自我是以本我为基础发展出来的一种结构，用于调节与外部现实有关的冲动。只有当自我被视为一种原始的结构及冲动张力的来源时，动力结构的原则才得以维持。

我们必须认识到，自我中的冲动张力内在地指向外部现实中的客体，因此它从一开始就由现实原则决定。当然，最初的现实原则是不成熟的——这种不成熟在很大程度上是因为缺乏经验——在适应良好的条件下，它会随着经验的丰富变得成熟；但是在适应不良的条件下，它就容易让位于快乐原则而成为次要的、衰退的（并非退行的）行为原则，从而缓解张力并提供补偿性的满足。动力结构原则还涉及对我早期提出的压抑观点的修正，其大意是压抑主要是针对"坏的"内化客体的。有必要指出，压抑不仅针对内化客体（只有从内心结构的角度来看，内化客体才具有意义），还针对寻求与这些内部客体的关系的自我结构。这意味着我们必须通过自我的分裂来解释压抑。弗洛伊德发现有必要假定存在一个能够产生压抑的结构（超我）和一个被压抑的结构，并设想动力性自我的一部分被另一部分所压抑。这不仅可以解释多重人格和癔症性解离现象，还可以解释冲动心理学中所描述的"升华"（"升华"的"冲动"不再被认为与自我结构相分离）过程中的实际困难。那些熟悉精神分裂症患者所表现出的问题的人应该不难接受"压抑意味着自我分裂"的观点；但在这里，我们面临着精神分析理论在其后期发展中因专注于忧郁症而受到的限制。弗洛伊德的心理结构理论主要基于对忧郁症的研究；与此相一致的是，"抑郁心位"在梅兰妮·克莱茵的观点中也被赋予了核心地位。

弗洛伊德最初基于癔症研究而提出了压抑的概念；当他把注意力从被压抑物的性质转向压抑的动因时，他才开始关注忧郁症。在我看来，令人遗憾的是，他没有在研究被压抑物的同一领域内继续对压抑的动因进行研究——因而也不能把癔症作为其心理结构理论的基础——如果他那样做了，那么我相信，其压抑概念将不是建立在梅兰妮·克莱茵后来所描述的"抑郁心位"的基础上，而是建立在"分裂样心位"的基础上，也就是建立在压抑意味着自我的分裂这一事实的基础之上。请注意这样一个反常现象：弗洛伊德将俄狄浦斯情境视为生殖器情境，并以此作为压抑的理论依据；但他对超我（被他描述为压抑的煽动者）的起源的构想是基于口唇情境，即前生殖器情境的。梅兰妮·克莱茵试图通过俄狄浦斯情境之前的婴儿期来解决这一难题，但没有提供真正的解决方案，因为她忽略了超我形成之前发生压抑的可能性。这一问题的解决办法似乎在于寻找压抑的根源——不仅要超越生殖器的态度，还要超越俄狄浦斯情境，甚至要超越超我形成的水平。这个解决方案与我之前的观点相一致，即压抑的产生主要是出于对坏客体的内化的防御，而超我的建立代表着一种额外的、后来的防御（道德防御）。在我看来，在让中心自我发现自己面对着超我这一具有道德意义的内部客体的水平之下还有一个水平，在这个水平上，自我分裂出来的部分发现自己面对着（在中心自我看来）既没有道德意义，而且还是无条件的（力比多的）坏的内部客体。在这里，内部客体起到了内部破坏者的作用——无论它们呈现为令人兴奋的客体，还是令人沮丧的客体，它们都具有内部迫害者的功能。虽然忧郁症的主要现象在超我水平上获得了相对令人满意的解释，但通常与这些现象同时存在的偏执、疑病、强迫的特征代表了指向内部坏客体的倾向。癔症现象也不能仅在超我水平上得到令人满意的解释。弗洛伊德的压抑理论还涉及另一个反常现象，即他把压抑的动因和煽动者（自我和超我）都描述为结构，却把被压抑物描述为是由冲动所组成的。弗洛伊德认为，超我在很大程度上是潜意识的——这一事实引发了一个问题，即超我本身是否也受到了压抑。弗洛伊德本人也充分意识到了这一难题，他设想超我可能受到了某种程度的压抑——这就意味着他认同内心结构可能受到了压抑。因此，我的结论是，被压抑的东西必然而且本来就是结构性的。

下面，有必要提一下我关于梦的本质的一些尚未发表的结论，这些结论源于我在治疗一位患者时的一系列思考。这位患者的梦包括许多不符合愿望实现原则的内容，她自发地将这些梦境描述为"事态"（state of affairs）梦。在梅兰妮·克莱茵关于心理现实和内部客体概念的影响下，我逐渐认为，梦以及清醒时的幻想，在本质上都是内心情境的戏剧化，其中包括（1）自我结构与内化客体之间的关系，（2）不同自我结构之间的内在关系。我的另一位患者所做的一个有关解释问题的梦让我有机会去阐释包含这些关系的基本内心情境，也使我关于基本内心情境的观点得到了具体化。我提出的理论是以内化坏客体的分裂为基础的。坏的力比多客体的内化主要是一种防御——现在重要的是要认识到这种客体具有两个方面：令人兴奋的方面和令人拒绝的方面。这种双重性构成了内化的坏客体分裂的基础，促使它分裂为令人兴奋的客体和令人拒绝的客体。当压抑防御开始起作用时，这两个客体都受到了原始自我的压抑。但是，由于原初自我与这两个客体之间存在着一种涉及高度认同的力比多贯注关系，所以对它们的压抑也牵涉到与每个客体紧密相连的自我部分的分裂和压抑。由此，对令人兴奋的客体的压抑与中心自我对力比多自我的压抑同时存在；对令人拒绝的客体的压抑与对内部破坏者的压抑同时存在。可以看到，这种自我结构的分化基本对应于弗洛伊德描述的心理结构——中心自我对应于弗洛伊德的"自我"，力比多自我对应于弗洛伊德的"本我"，而内部破坏者对应于弗洛伊德的"超我"。

在我的观点中，刚刚所描述的三个结构都是动力性的自我结构，相互之间具有动力模式，而弗洛伊德认为"本我"是无结构的能量，"自我"和"超我"是无能量的结构，除非它们从本我中获得能量——"超我"是一个内化的客体，只有"自我"才是一个真正的自我结构。在我看来，自我结构的动力模式是位于超我水平之下的；正如我设想的那样，它是作为一个被中心自我情感贯注的内化客体而得以建立的。在这个潜在的水平上，我们可以去寻找所有精神病理性状态的起源。在我的观点中，（1）自我结构的分化是压抑的结果，压抑最初是指向内化的坏客体的；（2）压抑的动力是由中心自我所发起的攻击——不仅攻击内化的坏客体，还攻击对这些客体做出情感贯注的附属自我，即力比多自我和内部破坏者。然而，攻击性并不完全由中心自我所支配。攻击性不仅影响附属自我对中心自我的态度，也影响它们彼此之间的态度；在内部破坏者对力比多自我的态度中，攻击性起到特别重要的作用。内部破坏者对力比多自我的强硬攻击态度是基于后者对令人兴奋的客体的情感贯注及其对令人拒绝的客体的情感贯注。这种攻击反映了个体对其力比多客体的最初矛盾心理。在我看来，矛盾心理本身不是一种原始状态，而是一种对剥夺和挫折的反应。因此，我认为婴儿不会在没有挫折的情况下自发地直接攻击其力比多客体。

我认为攻击性是首要的动力因素，因为它似乎不能被还原为力比多；但我也认为它最终是从属于力比多的，并在本质上代表了婴儿对其力比多关系中的剥夺和挫折的一种反应——尤其是与母亲的分离创伤。最初正是力比多的剥夺和挫折经历激发了婴儿对其力比多客体的攻击，从而产生了矛盾心理。在这一点上，主观的矛盾心理变得非常重要——对心理矛盾的婴儿来说，他的母亲就像一个矛盾的客体。为了改善这种难以忍受的情境，他将母亲分裂为两个客体——令人满意的（好的）客体和令人不满意的（坏的）客体。为了控制令人不满意的客体，他采用了防御性的内化过程，把它从他无法控制的外部现实中转移到内部现实中——在内部现实中，它有可能作为内部客体而更容易受到控制。问题在于，这个令人不满意的客体在内化之后，不仅仍然是令人不满意的，而且是令人渴望得到的（情感贯注的）。它所呈现的二重性构成了内心世界的巨大难题，就如同之前外部世界中客体的矛盾性那样。前文已经提到这种二重性为内化的坏客体的分裂提供了基础——它分裂为令人兴奋的客体和令人拒绝的客体。现在看来，分裂是由原始自我试图处理随着坏客体的内化所出现的难题而产生的。在自我追求进一步的防御目的的过程中，令人兴奋的内部客体和令人拒绝的内部客体都受到了压抑，而对每一个客体的压抑都伴随着自我本身相应部分的分裂和压抑。由此，力比多自我和内部破坏者得以作为附属的自我结构建立起来，独立于中心自我并受到它的压抑。

内部破坏者对力比多自我所采取的攻击态度仍然需要进一步的解释，因为简单地将其视为对早期矛盾心理的反映是远远不够的。就这种矛盾心理而言,儿童在以拒绝客体的角色对母亲表达攻击性情感和力比多情感时,似乎会感到相当焦虑。他对母亲表达攻击性情感的风险在于,这会让母亲更排斥他,更不爱他;也就是说,这会让他觉得母亲作为一个坏客体是更加真实的,而作为一个好客体则是不那么真实的。这一风险(好客体的丧失)容易引发抑郁情感。而在儿童的心目中,他对其作为令人拒绝的客体的母亲表达力比多情感所涉及的风险就等同于把力比多释放到情感真空中——会引发自卑感和无价值感。这种风险(力比多的丧失)容易引发精神分裂的无力感。为了避免这两种后果,儿童补充了一种防御措施——类似于前面描述过的"分而治之"原则的技术。他最大限度地使用攻击性来压制力比多需求。与这一动力结构原则相一致的是,这种防御经由一个过程来实现,即内部破坏者接管了过剩的攻击,并指向力比多自我,而力比多自我反过来又接管了过剩的力比多,并指向令人兴奋的客体。内部破坏者对力比多自我的攻击必定作为一个非常强大的因素推动了压抑的目的。弗洛伊德的超我及其压抑功能的概念似乎主要就是基于这一现象的。

我已阐明,压抑起源于未分裂的自我对令人兴奋的客体和令人拒绝的客体实施的攻击。我将这一过程描述为初级直接压抑(primary direct repression),随之而来的是次级直接压抑(secondary direct repression)的过程——由此,自我发生分裂并抑制它的两个部分(力比多自我和内部破坏者),且对两个被压抑的内部客体分别保持着情感贯注。就治疗而言,力比多自我对令人兴奋的客体的情感贯注构成了一种强大的阻抗源。因为这种情感贯注是力比多的,其本身就不能被视为一种压抑现象;它与内部破坏者对力比多自我的攻击不同,不仅起到了阻抗作用,还积极促成了中心自我对力比多自我的压抑。我将这一过程描述为间接压抑。如果把直接压抑和间接压抑的过程都考虑在内,我们就会发现心理中的力比多成分所受到的压抑程度要比攻击性成分大得多。因此，对过剩的力比多的处置主要由压抑原则所支配，对过剩的攻击性的处置主要由地形学分布原则所支配。

我关于间接压抑的观点使我与弗洛伊德关于压抑的一般观点之间的分歧成为焦点。弗洛伊德认为，在俄狄浦斯情境中，压抑是减少对异性父母的力比多表达和对同性父母的攻击性表达的一种手段。然而，在我看来，无论直接压抑还是间接压抑都源于俄狄浦斯情境出现之前的婴儿期；而间接压抑是儿童所采取的一种特殊技术，用于减少向母亲表达的力比多和攻击性。在这一阶段，母亲是唯一的重要客体，婴儿几乎完全依赖于她。因此，我认为"婴儿依赖"相当于弗洛伊德的俄狄浦斯情境在压抑产生中扮演的角色。通过压抑，俄狄浦斯情境不再承担解释性概念的作用，而是成为一种衍生情境的状态。儿童只有在内心结构发生分化、压抑产生之后，才需要面对这种情境。这是一种可以根据业已提出的内心情境来解释的现象。

外部的俄狄浦斯情境的出现给儿童的世界带来的主要新奇之处在于，他现在面对的是父亲与母亲两个不同的客体，而不是只有一个。由于他与作为新客体的父亲的关系也涉及适应问题，类似于他在与母亲的关系中经历过的那样，他很自然地使用了类似的技术——其结果是建立了两个内化的父亲形象，即令人兴奋的客体和令人拒绝的客体。这些形象似乎部分叠加在母亲的相应形象之上，部分与母亲的相应形象合并。

儿童的需要对父亲的适应不同于他最初的需要对母亲的适应，后者几乎全部在情感水平上进行。这是因为他与父亲的关系中必然没有母乳喂养的经历。儿童一开始似乎主要是把父亲视为没有乳房的父母，后来他才逐渐认识到父母生殖器官的差异。随着他对这些差异的认识，他自己的力比多需要也逐渐通过生殖器官体现出来，他对父母的需要也逐渐包含了对他们的生殖器官的生理需要。这些生理需要的强度与其情感需要得到满足的程度成反比；但是因为这些情感需要得不到满足，所以儿童就对母亲的阴道和父亲的阴茎都产生了某种程度的矛盾心理。这反映在最初场景的虐待狂概念中。然而，到了这个时候，父母之间的关系对他来说已变得很重要了。对父母其中一方的嫉妒也随之产生。这种嫉妒的发生不仅仅取决于儿童的性别，还取决于他同父母双方情感关系的状态。他被要求同时适应两种矛盾的情境。当他试图这样去做时，他又一次使用了前面描述过的一系列技术，并导致父母双方的不良生殖器形象逐渐不同程度地体现在两个早已存在的内部坏客体（令人兴奋的客体和令人拒绝的客体）中。这些内部客体所呈现出的复杂的复合结构形式部分建立在分层的基础上，部分建立在合并的基础上。分层与合并在何种程度上占据主导、以何种比例构成客体，似乎不仅在决定个体的性心理态度中发挥重要作用，而且也是性倒错病因学方面的主要决定因素。令人兴奋的客体和令人拒绝的客体的构成方式，还是（除了性欲之外）决定俄狄浦斯情境性质的主要因素。这一点在俄狄浦斯情境倒置和混合的情况下显而易见，但它同样适用于积极的情境。俄狄浦斯情境的倒置和混合的出现正说明即便是积极的俄狄浦斯情境在本质上也是一种内部情境——尽管它在不同程度上被转移到了实际的外部情境中。一旦想到这一事实，我们就不难看出，正如实际的深层分析所揭示的那样，俄狄浦斯情境本质上是围绕令人兴奋的母亲和令人拒绝的母亲这些内化的形象而建立起来的。然而，在同时适应两种矛盾关系时，儿童试图简化复杂的情况，专注于父母中一方积极的方面和另一方消极的方面，并相应地改变令人兴奋的客体和令人拒绝的客体的性质——儿童实际上为自己建构了俄狄浦斯情境。

我所概述的理论极大地背离了弗洛伊德的观点——尽管在许多方面还有明显的类似之处。我们两人的理论明显存在两个主要的不同点。首先，尽管弗洛伊德的整个思想体系是涉及客体关系的，但他在理论上坚持的原则是，力比多本质上是寻求快乐的，即无指向性的。相反，我坚持的原则是，力比多本质上是寻求客体的，即有指向性的。因此，我认为攻击性也是有指向性的；而弗洛伊德则认为攻击性与力比多一样是没有指向性的。其次，弗洛伊德认为冲动（心理能量）在理论上是与结构相区别的；而我认为不存在这种区别，并坚持动力结构的原则。在这两个主要的不同点之中，后者是更为根本的；实际上，前者产生于后者。弗洛伊德认为力比多是寻求快乐的，这直接源于他把能量从结构中剥离出来。因为一旦我们把能量从结构中剥离出来，唯一能被设想为快乐（非干扰性）的心理变化就是建立力量平衡的变化，即无指向性的变化。与此相反，一旦我们认为能量与结构是不可分离的，那么唯一可以理解的改变就是结构关系以及结构之间的关系的变化；这些变化在本质上是有指向性的。

弗洛伊德将能量与结构相分离，这是对19世纪科学背景的反映——以亥姆霍兹的物理学观点为主导。在20世纪，原子物理学推动了物理宇宙科学概念的彻底变革，并引入了动力结构的概念。而我的观点是根据这些概念对精神分析理论做出的全新诠释。我所设想的动力结构心理学具有特殊的优势——在对群体现象进行解释时，它比其他任何类型的心理学更能提供令人满意的根据；它的优势还在于，可以直接从结构形成的角度来解释精神病理学现象，从而公正地对待一个不容置疑的事实，即症状是整体人格的表现。从地形学角度来看，我所描述的基本内心情境似乎是相对不变的；但是从经济学角度来看，它在治疗学以及其他方面必然能够做出大幅度的改变。我坚信我所描述的经济模式是在癔症状态中普遍存在的，而且这是最初的典型模式。根据这一信念，我把儿童最早表现出来的症状（如哭喊）解释为癔症性的。如果我是正确的，那么弗洛伊德选择癔症现象作为构建其精神分析理论的基础就展示出了非凡的洞察力。

现在，我必须修正我所阐述的动力结构原则中一个明显的矛盾之处。尽管我把内化客体视为结构，但我认为它们只是动力性的自我结构的客体，而非本身就具有动力性。然而，为了保持理论的一致性，我必须承认一个逻辑结论——既然这些内部客体是内心结构，那么它们本身必须在一定程度上是动力性的；应该补充一句，它们的动力性必定来源于自我结构对它们的情感贯注。这一结论似乎不仅符合魔鬼学的现象，也符合在梦境和偏执状态中观察到的现象。

我发现只有进一步修正我的理论立场，才能消除我之前所阐述的观点与后来的观点之间未解决的矛盾。1941年，我以"被接受的"和"被拒绝的"的两个内化客体之间的区别为基础，区分出了四种"过渡"防御技术。其中，每种技术的显著特点都与自我在处理这两个客体时所采用的特定方法有关，因为这两个客体被共同或分别视为内部或外部客体。这种分类的潜在假设是，对于外部客体的矛盾心理导致了早期好客体和坏客体的内化。

在我1944年阐述的观点中，我主要关心的是自我结构的分化与内化的坏客体之间的关系，以及由此造成的内心情境。提出这一观点的理论基础是，先被内化的客体总是坏的或令人不满意的客体。内化令人不满意的客体被视为一种防御技术，旨在涉及令人不满意的客体的情况下控制创伤因素。在最初的情况下，孩子似乎没有动机去内化一个完全令人满意的客体。因此，我认为好的或令人满意的客体到后期才被内化，以缓解在坏的或令人不满意的客体被内化而进入内心世界之后所引发的焦虑。潜在的假设依然是，矛盾心理起初是在与外部客体的关系中引发的一种状态。就心理表征来说，在出现坏客体的内化问题之前，外部客体就已经分裂为好客体和坏客体了。

现在我认为有必要修正这一假设，以支持我的早期观点，即第一个被内化的客体是口唇前期的前矛盾客体。从这一观点来看，矛盾必须被视为一种状态，它是在最初未分裂的自我中产生的，并与内化的前矛盾客体有关。最初提供动机并决定前矛盾客体的内化的一个事实是，客体本身在一定程度上表现得令人不满意，但又在一定程度上是令人满意的。矛盾心理一旦形成，就会导致一种内在情境，在这种情境中，未分裂的自我面对着一个内化的矛盾客体。接下来，我们设想一下这一客体的分裂——它不是分裂为两个客体（好的和坏的），而是分裂为三个客体——这一结果归功于自我的活动。借助自我的活动，内部客体中令人过度兴奋和令人过度沮丧的成分就从中分裂出来并受到压抑，从而导致了令人兴奋的客体和令人拒绝的客体的出现。因此，当令人兴奋的客体和令人拒绝的客体分裂出来之后，原始客体的核心仍然存在——只是去除了过度兴奋和过度沮丧的因素。而这一核心客体随后就取得了去性化和理想化客体的地位。中心自我在剥离了自身那些将情感贯注于令人兴奋的客体和令人拒绝的客体的部分之后所保留下来的两个部分被我称为"力比多自我"和"内部破坏者"。

这里所说的核心客体是一个被中心自我所接受的客体，因此不会受到压抑。我现在把这个客体视为超我的核心——我所设想的超我就是以它为核心建立起来的。鉴于它的性质，"自我理想"这个词似乎更适合用来称呼它。它对应于我在阐述"过渡性的"防御技术时所描述的"被接受的客体"——这正是癔症患者试图将分析师转换成的那种客体。现在，我有必要认为我在阐述"过渡性的"技术时所描述的"被拒绝的客体"中包括了"令人兴奋的客体"和"令人拒绝的客体",因为在我后来的观点中,这两个客体都被中心自我所拒绝。在每种过渡技术中,无论是"令人兴奋的"客体还是"令人拒绝的"客体,都受到了中心自我的相同对待。举例来说,在妄想症和恐惧症中,它们似乎都被视为外部客体,而在强迫症和癔症中,它们又都被视为内部客体。相比之下,"被接受的客体"在恐惧技术和癔症技术中被视为外部客体,而在偏执技术和强迫技术中被视为内部客体。

下篇

其他论文

8 对一位生殖器官能异常患者的特征分析（1931）

这篇论文旨在对一个病例做一些描述，该病例表现出了特别有趣的特征，其中某些方面在精神分析治疗中可能是独一无二的。因为尽管这位患者总被认定是个女性，但是她具有一种器质性的生殖缺陷，这导致她对自己确切的性别归属产生了怀疑。单凭这一点，该病例就值得被记录下来。因为自然会出现这样一个问题：在精神分析治疗过程中，具有这种器质性缺陷的个体的神经症症状在多大程度上遵循了我们熟悉的精神病理化过程的模式呢？

这位患者是因为一些症状而被她的家庭医生转介到我这里接受精神分析治疗的，我稍后将对这些症状进行简要描述。同时，我似乎有必要对其生理异常的性质进行一些初步说明。她的家庭医生最初是这样描述的：

> 她在青春期之前看上去是个完全正常的女孩。后来，她开始快速长个儿，不来月经，但是身体发育良好。20岁时她前来向我咨询，我给她做了一次检查。我发现她没有生殖器官，只有一个大头针针帽那样的开口作为阴道。她觉得并无大碍，就没有做进一步的医治。

由于她的神经症症状，我接收了这位患者并对其进行精神分析治疗，我还接受了她的医生对其生殖器异常的描述，认为这大体上是准确的。但随着治疗的进行，我开始对那些描述的精确性产生了一些怀疑。这些怀疑最终被一项特殊的妇科检查结果所证实，这项检查是在分析开始很长一段时间之后，由一位著名的妇科医生负责的，他对遗传学也很擅长。他给出了如下报告：

> 总体发育具有强烈的男性特征，胸部宽阔，但如果说乳房发育有什么问题的话，那就是提示了更多的女性属性，因为组织柔软且轻微下垂。阴毛的分布对于女性来说是正常的，而表面的外部器官（阴唇、阴阜、阴蒂、前庭和尿道）无疑是女性的。处女膜完全闭合，穿过正常凹陷位置的一系列小的条纹可以说明这一点。直肠检查进行得非常困难，但我非常确定其盆腔与普通女性盆腔的不同之处在于没有子宫颈或子宫体。一般情况下，通过这种方法做出这些诊断是非常容易的。与此同时，这项检查并不足以排除存在发育不完善的器官的可能性。我所形成的总体印象是，我们正在面对一种本质上的男性情况——存在男性性腺又伴有女性的第二性征，也就是通常所说的"男性假两性畸形"。

据此，进行检查的妇科医生认为，尽管患者的外生殖器具有女性特征，但她具有男性性腺，因此她在本质上是男性。然而，当专业的遗传学家随后对患者的尿样进行雌激素和促性腺激素成分的检查时，对这一观点做出了质疑，其报告如下：

8 对一位生殖器官能异常患者的特征分析（1931） / 171

关于尿样……检测结果是，雌激素——每24小时含量至少有20个单位；促性腺激素——每24小时至少有100个单位的促卵泡激素。这些结果类似于通常在正常女性受试身上获得的结果，而比在男性身上预期的要高一些，因此表明了患者女性性腺的存在。

因此，专家的意见是矛盾的。但是我们必须更加重视专业遗传学家的结论，因为它是以实验室测试的客观数据为基础的，而不是像妇科专家的判定那样只是一种意见。在这种情况下，最初关于患者实际上是女性的假定仍维持不变；而向她透露任何信息并不是明智的，因为这会动摇她对此的信念。

值得注意的是，这位患者并非其家族中唯一受此影响的人，在其众多的姐妹中，不止一位存在这种生殖器异常。这种异常的全貌只有通过剖腹手术检查才能确定。然而，这种有意介入很难被证明是合理的；而且，正如所发生的那样，有问题的姐妹中无一人有做腹部手术的需要。而如果她们做过的话，可能就会顺便揭示这种内部生殖器官的状态了。与此同时，纯粹从临床角度来看，患者的有类似情况的姐妹均未出现过任何宫腔出血的迹象——很难相信倘若具有一个功能正常的子宫，会发生闭经以及相应的症状。至于性腺问题，具有女性性腺这一结论不仅适用于这位患者，也适用于那些与她有着同样缺陷的姐妹。就患者自己而言，有一件事实有助于说明她具有功能正常的卵巢，那就是她在青春期时曾出现过直肠大出血，这可以解释为代偿性月经；的确，在发现她的异常之前，这些大出血实际上被误认为正常的月经。随后，她容易发生周期性的鼻出血，这也让人容易联想到代偿性月经。尽管关于她的身体与心理上的女性特质存在许多的疑点，但至少从心理性别上来说，她必定向人传递着一个女性形象；

而且，她对异性恋男人相当具有吸引力。她自己的性取向显然是指向男性的。尽管她确实有某些男性特征，但从精神分析的意义上来说，这些与女性的"阉割情结"是非常一致的。

当这位患者被推荐到我这里来做精神分析治疗时，她已步入中年了。幸运的是，在这种情况下，她从未利用任何机会结婚。她的职业是教师，但当她第一次来找我时，由于精神崩溃，她已经离职一年多了。她的父母仍然健在，她是大家庭中的长女，家中姐妹众多，但只有一个兄弟健在。她是家里唯一一个出现神经症症状的成员，就此而言，她比那些有着相似的身体异常的姐妹更为不幸。

直到青春期，她都是一个快乐的、不负责任的孩子，对于她来说，游戏和玩耍是生活的主要乐趣。然而，过了青春期，她就把精力转向了认真和艰苦的准备，努力成为一名教师；她把一切可利用的时间都用在了学业上。在此期间，她有了一定的责任心，这足以让人怀疑一个专横超我的影响已经在很大程度上发挥作用了。当教师培训即将结束时，她终于意识到自己的身体异常，这对她的影响是增加了她对工作的热情。她乐于接受的消息是她幸运地摆脱了女人的负担。她如释重负地从意识领域中摒弃了一切关于性和婚姻的主题，觉得自己现在可以无拘无束地投身于事业了。但是，事实证明，她的期望落空了。获得职业资格之后，她在第一个岗位上就发现教学工作相当吃力。她过分看重自己的职责并设定了完美的标准，但对她来说，这一标准在现实中是不可能实现的。这导致她从一开始就为工作过度担忧。纪律问题尤其让她感到焦虑。她不能忍受班里学生出现丝毫的不专心和违抗。为了让孩子们全神贯注地听她讲课，她实施了高强度的教学，这导致她在结束一天的工作后感到非常无力。她在课余时间还会没完没了地备课，把自己搞得精疲力竭。这些并不明智的追求完美的努力最终使她降低了教学效率，并引发了学生们的反感；学生因此变得更难教育了。由此，她的教学水平不升反降。她自己对这一事实的认识并不迟钝，但结果是她不得不加倍努力。她越追求效率，效率就越低；而效率越低，她就越努力。于是形成了一个恶性循环。在那个学期，她越来越失败。正如大家预料的那样，伴随着这种不断的失败，她的自责感逐渐增加。在每学期末，她都会发现自己的忍耐几乎接近崩溃的边缘。假期的到来会给她提供一段时间恢复，但开学之后，这种循环会再度开始。

几年后，她真正崩溃了。事实上，最早的崩溃是身体性的；因为她在25岁时患了一种病，这种病使她停职了一年多。患病期间，她似乎不再有任何的焦虑——这大概是力比多自恋式投注的特征。自恋的增强无疑有利于她的完全康复；但在她恢复工作之后，这又给她带来了更多的困难。她的医生将这次患病记录为其神经症病症的开始。当她重新开始教书后，她以前的焦虑又变本加厉地表现了出来，以至于她发现自己要是不认输就无法熬过一个学期。性格脆弱的个体（自我组织不那么巩固的个体）会比她更容易屈服。然而，她的自我组织显然是非常稳固的；她的自我理想也以一种巨大的责任感的形式强有力地体现在意识中。因此，她做出了比预料中还要顽强的反抗。但是，那股在她潜意识中起作用的强大的力量最终却大大消耗了其无可置疑的自愿努力的能力。随着教学的推进，她发现自己的记忆力开始在课堂上捉弄她，让她忘记常用词汇，甚至完全语无伦次，或者在上课时大脑突然一片空白。纪律问题也开始让她备受煎熬——学生稍有不注意听讲或不服从管教的表现就会让她怒火中烧。她试图通过自己的努力来控制怒火——她觉得自己仿佛快要杀掉不听话的孩子了；但是，任何一点儿严厉都会引起可怕的内心反省。睡觉的时候，她会被上课的梦所惊扰（类似于士兵梦见打仗）。到了学期中间，她就根本睡不着觉了，常常会在夜里来来回回走上好几个小时。终于，压力和焦虑达到顶峰，并导致她完全无法教学。然后，她变得绝望并要求辞职。然而，一旦她从职业责任中解脱出来，通常就会发生惊人的转变——她的焦虑和沮丧随后就会魔法般地消失。她在家中被证实很有活力，并且是家庭的灵魂。对于一位精神病理学家来说，这种从焦虑忧郁到轻度快乐的突然转变为躁郁症的存在提供了证据。事实上，患者的抑郁期和兴奋期并不总是连续的；而且，抑郁期出现得比兴奋期更加频繁。两种时期的一个有趣特征是它们的持续时间通常都很短；更有趣的一个特征是，无论是诱发抑郁期还是兴奋期的事件，都特别容易分离出来。这尤其适用于分析过程中出现的各种时期。随着分析的进行，某些时期似乎只有几小时，甚至几分钟，但患者可以获得足够的洞察力，毫不费力地分离出诱发事件。因此，就像在显微镜下一样，我们有可能观察躁狂抑郁症的发展过程。

尽管多次发生精神崩溃，但直到接受精神分析治疗的前一年，她才最终放弃了教学工作，这说明患者对目标的坚定和强烈的职业兴趣。在工作中经历多次精神崩溃之后，她的轻度兴奋期是相对短暂的。而回家待了一两周之后，她的自我理想又开始向她提出新的要求。她开始指责自己过着懒散、毫无价值的生活，成了依靠父母的寄生虫。她强烈的独立意识显现出来——她再次将自己扔进漩涡之中。她曾经短暂地离开教育行业，去参加了一段时间的秘书培训。她以为换个职业就会减轻自己的困扰，但这种希望很快破灭了。没过多久，她就发现过去的那些焦虑又附到了秘书工作上。因此，没过两年，她又开始了教学工作。这一次，她来到偏远的乡村，独立管理一所小学校。在这样一个隐蔽的环境中，她远离了可怕的督学，除了自我理想所强加的监督之外，没有任何其他监督，她认为自己可以创造一个教育的天堂——在这里，学习效率的雄狮可以和精神平静的羊羔共存。但是，即使在这个天堂中，她也很快就发现了巨蛇和复仇天使。曾经的焦虑又出现了，随后是精神崩溃。她尝试一系列岗位，想要寻找平静，但都无济于事。因此，她最终绝望地放弃了教学工作，回到家里试图通过长时间的休息来获得平静。

回到家之后，她的症状开始表现出某种不同于以往的形式。现在，她每隔几周就会出现短暂的抑郁。周期性的抑郁发作成为一个显著特征——由于她的性异常，她总说这是"月经来潮"或"错过了一次转变"。当抑郁期临近时，她感到自身在与某种无名的力量作斗争，这种力量威胁着要制服她。对她而言，这种力量的性质是神秘的，而对于精神病理学家来说，它显然就是超我的标志。斗争的强度会逐渐加大，并最终让她陷入极度痛苦的状态。在这种状态中，自我毁灭的念头从未远离。最后，她会发现自己在与无形仇敌的徒劳对抗中被完全制服了。于是，她会扑倒在床上或最近的椅子上，大哭一场。这种情绪危机过后，她会突然从紧张和焦虑之中解脱出来；但她总有一种被彻底羞辱和击垮的感觉。于是，她会在床上躺几天，思考，阅读和睡觉。在这种退行状态中，除母亲之外，她不允许其他任何人进入她的房间。在这一阶段，她毫无保留地服从母亲的管束，并任由母亲为她提供日常所需。超我胜利了，但在向其胜利妥协的过程中，她也暂时获得了进入天堂的机会，这正是她在偏远乡村的学校徒劳寻找却未得到的。通过无条件地投降，她再次回到了童年期因第一次反抗而失去的最初的纯真状态。她以过客的身份再次进入了那个失乐园，在那里，她只要完全顺从于母亲，就能让自己孩提时代的一切愿望得到满足。

分析进程很快就揭示了俄狄浦斯情境在患者病情发展中的重要性。然而，她的亲生父亲在该剧本中所扮演的角色是无足轻重的。他的个性并不明显，在家庭中也不引人注目。家中的主导者是母亲——一个精力充沛且雷厉风行的女人，对她来说，家庭幸福高于一切。她是那种非常容易让孩子形成严格超我的好母亲。无论如何，在该患者的案例中，母亲对于一个非常强大的超我的形成产生了重要作用。父亲这一角色在很大程度上是由患者的外祖父所扮演的，这使得患者的超我力量似乎不减反增。这一事实似乎加剧了她对母亲的反抗，并大大增加了潜意识里的内疚。在她前来治疗时，外祖父已经去世多年了；但仍在她的潜意识里以仁慈的神灵的形象存在着。她是外祖父的第一个外孙女，一直受他宠爱。外祖父的宠爱表现在数不清的礼物上，但她的父母觉得孩子必须厉行节约，因此，外祖父的礼物看起来似乎过于浪费了。外祖父的慈爱很容易就赢得了她想象中的童话教父的形象——不仅给予她关爱和礼物，还为她打开了儿童乐园的大门，让她度过了人生中最快乐的时光。外祖父负责打理一片庄园，而这片庄园就作为一座华丽的游乐场向她开放。她对玩耍有着绝对的热情，而这片庄园为她随心所欲地玩耍提供了有利条件。在她看来，庄园主施加的那些限制只不过是母亲在家里强加给她的限制的苍白映像。只要觉得它们令人厌烦，她似乎就会在头脑中将母亲与庄园主的妻子联系在一起——这个人经常作为一个坏的母亲形象出现在她的梦里，扮演着魔法庄园里食人魔的角色。

在分析过程中，第一个值得注意的特征是童年时无数早期回忆的出现，它们主要与患者的外祖父以及与之相关联的庄园有关。在整个教学生涯中，她一直没有意识到这一段被隐藏的记忆；但一旦克服了最初的阻抗，它们就像决堤的洪水一样涌入意识里，让她再次体验了记忆中那些玩耍时的快乐。当她再次回到童年时代的那片庄园里时，由于多年的潜意识幻想，那座庄园变得更加美好了。然而，在这种条件下，总是存在着一种阴影——来自一位母亲式人物的威胁。在她的童年期，当她在庄园里玩耍时，这个母亲式的人物是由庄园主的妻子扮演的；但当外祖父到她家里时，这一角色就由她的母亲来扮演。母亲像一个危险的人物，站在她背后，皱着眉头表示反对。然而，在最初的分析中，她的超我基本上处于搁置状态；而童年时期那些愉快的记忆和幻想占据主导。在幻想中，她与外祖父重聚，与他一起在幸福的庄园里快乐地玩耍。由此，被压抑的具有力比多性质的情感体验打破了多年来的束缚；她又发现了她所描述的"幼年时的自我"，这在她的潜意识里已被压抑了很久。被压抑的情感体验的突破伴随着性感觉的出现——最初，这对她来说是完全新奇的，但最终唤醒了有关早年在秋千和跷跷板上所体验到的感觉的回忆。显然，她对这些感觉的描述表明它们是符合阴蒂类型的。事实证明，在她的脑海中，这些感觉与有关蝴蝶的梦境密切相关，让她想起了蝴蝶扇动翅膀的场景。

此后，她开始记录与男人相处的经历，这被她巧妙地称为"冒险"。当她来寻求分析时，她需要坐火车，而这些冒险就发生在往返的旅途中。她开始注意到，当她唯一的旅伴是男性时，她几乎总会吸引他的注意。在车厢中与偶遇的男士拥抱和亲吻变得屡见不鲜。起初，这对她来说构成了一种新奇的体验，能带给她极大的满足。毋庸置疑，以上描写的事件并不仅仅是想象的产物——由于分析使被压抑的力比多突然得到释放，这就非常容易理解了。这种力比多的释放完全能使她对异性产生特殊的吸引力，同时让她自身的克制变得薄弱。这似乎在一定程度上属于客观事实。但她对自己经历的描述无疑带有主观色彩，我们很难确定其主观臆断的程度有多大。她经常记录道，当火车停靠站台时，经过她那个车厢的男人总会掉头走进来。也许，这至少有一部分是事实，因为她在那一时期必定散发着力比多。然而，当她得出这样的结论时，即婴儿般的自我的释放赋予她"打动"他人甚至是动物的能力，她显然已经脱离了坚实的现实基础，而进入了婴儿全能感的幻想世界中。她太过理性,并不相信魔法,但她开始想象自己拥有一种新的、迄今为止无法为科学理解的力量——她觉得这种力量可以用来为全人类谋求福祉。因此,她现在明显变得受控于带有救世主色彩的自大妄想了。这种兴奋的想法伴随着狂热的行为和强烈的幸福感,这说明她无疑已经进入了狂躁期。

这种躁狂期在治疗的第一阶段发展得比较快,在达到顶峰之后就慢慢消失了。可以说它总共持续了三个月左右的时间。在之后的一段相对平静的时期里,患者获得了力比多释放所带来的益处——"火车冒险"仍在继续,性的感觉不断涌上心头,但是不会再有夸张的想法了。"婴儿般的自我"及其表现逐渐被患者接纳为其心灵中的合法部分,这个部分此前一直被拒绝表达,现在已经具有其自己的形式了。在这一时期,她的分析联想主要聚焦于俄狄浦斯情境的细节,因为这涉及她对外祖父的固着、对母亲权威的不满,以及她与母亲争夺外祖父的宠爱。同样,越来越多的证据开始表明,她对男性有明显的阴茎嫉妒。

目前我们所描述的情境都属于三个阶段中的第一阶段。在第一阶段,分析没有深入到生殖器水平之下的任何有价值的范畴。但在第二阶段,更深刻的潜意识水平显现出来并能让人觉察到。这无疑要归功于一个事实,即患者又开始经历抑郁期了。鉴于她极度遵守秩序、讨厌脏东西和热衷于清洁,我们可以推断出她强烈的肛门固着。她的痉挛性便秘史,以及怀疑青春期的直肠出血是代偿性月经都支持这一推断。在这个阶段,肛门成分更明显地显现出来。她开始梦见厕所、蜿蜒的过道和脏乱的楼房。不仅如此,她还出现了肛门分娩的幻想,开始通过直肠体验到具有性特征的感觉。阴茎嫉妒同样以肛门伪装得以表达——如她梦见有根烟粘在肛门处。但没过多久,口唇因素开始占据主导地位。她开始频繁地梦见进餐,梦见糖果，这让她回想起童年最喜爱的美食。她还不止一次梦见了与断奶有关的创伤线索。她对阴茎的态度也开始带有明显的口欲色彩，从梦的内容来看，这是很明显的，因为在梦里具有阴茎意义的物体伪装成了食物。在一个梦里，她的面前放着一条能吃的巧克力鱼；而在另一个梦里，她发现面前有一个盘子，里面放着一只浇了白色酱汁的蝾螈。随着时间的推移，她的口腔固着的重要性变得越来越明显。最终，一种强烈的对阴茎的口唇施虐态度几乎完全占据了主导地位。鉴于她没有阴道的事实，其对阴茎的过分嫉妒具有特殊的意义。因为她的心理不是建立在拥有典型的女性阴道之上，而是建立在拥有典型的男性阴茎之上的。这里，我们可以回忆一下，当她在20岁那年被告知性异常时，她如释重负。她充满了喜悦，因为她想到自己是极少数可以完全摆脱女性负担的人之一。女性负担对她来说有着特别令人不愉快的联想，因为她童年看见过母亲在一次分娩之后留在床单上的血——当她后来得知月经这回事时，这种不愉快的联想增强了。她对阴道有一种恐惧，同时在潜意识中有着对阴蒂的高估。在接受分析之前，她一直都忽视阴蒂的存在，但在她的潜意识幻想中，阴蒂扮演着阴茎的角色。在她的梦里，阴蒂总是作为缩小了尺寸的阴茎象征物而出现。

分析所揭示的患者对阴茎的口欲施虐态度被证实是导致其症状的首要因素。有一个梦是很好的证据：她的兄弟脱了衣服走进一个房间，他的阴茎受了伤，眼中带有一丝惊恐。当她醒来时，那种惊恐的眼神一直挥之不去，让她感到非常不愉快。在这种不愉快之下，她的联想显示出她对伤口负有一定的责任；后来有一次当她回忆起这个梦时，她突然感觉兄弟的阴茎其实是被咬伤的。综合一些现实事件，这个梦是非常有意义的，因为就在她做了这个梦之后不久，她的兄弟就在一次事故中横死了，并且身体被严重毁坏。用她自己的话来说，当她"破碎的兄弟"被带回父亲家中时，她自己是在场的。我们很容易想象，他的尸体让她产生了被食肉动物撕裂的印象，并激发了她的口欲施虐。无论如何，她对于兄弟之死的反应具有特别重要的意义。其他家庭成员的行为举止很正常。突然发生的可怕悲剧让他们十分悲痛。然而，患者的情况并非如此。考虑到她之前有过精神崩溃，其他人都担心这一打击对她来说会太沉重。而事实证明，她是家中唯一保持镇静的人。每个人都惊讶于她的"应付自如"。当其他人仍感到悲痛无助时，她完全肩负起了处理事务的责任，并高效地做好了一切必要的丧事安排，赢得了大家的称赞。在这种应对情境需要的过程中，她体验到了一种成功的力量感——这与困扰其他人的无助感形成了鲜明对照。这种反应对没有经验的人来说是如此英勇，但从精神分析的视角来看，鉴于事件发生不久之前的那个梦，这种反应似乎是值得怀疑的。在那个梦里，患者的口欲施虐不得不满足于幻想性的满足，正如从她兄弟被咬伤阴茎的情境中可以得到的那种；而在现实中凝视着兄弟被毁损的尸体所提供的口欲施虐的满足感远远超过了那个口欲贪婪的梦。这种满足感带给她一种全能感，帮助她掌控情境，度过危机。当其他人深陷沮丧时，她却因此进入了兴奋期；但是没过多久，随着其他人的沮丧情绪逐渐消失，她的兴奋感也消失了；等到其他人恢复平静时，她则进入了抑郁期。于是超我的影响显现出来，她开始为自己罪恶的口欲施虐的胜利付出代价。

这种主要属于口欲水平的、被压抑的施虐倾向的释放，是分析的第二阶段的显著特征。在这一阶段，火车上的冒险仍在继续，但她对卷入其中的男人的态度变得越来越冷漠了。她获得了一种权力感，而能短暂地玩弄男人，然后再用一种冷漠的态度把他们晾在一边——有时是在她到达目的地时，有时则是在她到达目的地之前。在这种态度中，我们可以看到一种虐待狂的"复仇动机"——复仇对象是拥有令人羡慕的阴茎的男人。而就像她在火车上"打动了"偶遇的男人那样,当她开始觉得自己"打动了"经过家门口的已婚男人时——尽管后者没有与她发生过实际的"冒险",这种复仇动机的真正意义就更加明显地表现了出来。这种"打动"男人的感觉与父亲形象的关联尤为密切,有时她感觉这仿佛就发生在她与父亲之间。随着时间的推移,这些"打动"(正如她自己所说的那样)的范围扩大了,情况也更加多样了,比如像男人一样坐在教堂里的同一张长椅上,或者在喝茶时遇到朋友的丈夫……这些都获得了"冒险"的情感意义。随着这种经历越来越频繁,短暂的抑郁发作——她称之为"疾病"——也出现得越来越频繁了。起初她不能认识到"打动"与随后的疾病之间的因果关系——后者始料不及地攻击了她。随着时间的推移,她开始洞察到两组现象之间存在的关系,并最终能够追溯引发其大多数"疾病"的事件。她由此逐渐获得的洞察力能够减轻抑郁发作的症状,并能减少抑郁发作的持续时间——有时不超过几个小时甚至几分钟,有时则完全不发作。在一次分析会谈中,它们不止一次地出现或消失。关于这一点,最显著的情况就是,在她兄弟死后,明显的抑郁期突然消失了。在这种情况下,联想过程使患者突然洞察到其兄弟之死对她的潜意识意义。与此同时,霎时间,困扰她的抑郁的阴霾一扫而尽了。

患者开始洞悉引发其先前神秘"疾病"的因素,这标志着分析的第三阶段的开始。当然,抑郁发作的最终原因是与施虐倾向相联系的潜意识的愧疚感,而这种感觉的逐渐出现是第三阶段的本质特征。正如我们已看到的那样,第一阶段的特点是在生殖器水平上释放被压抑的力比多,随后是超我结构中与俄狄浦斯情境有关的那些因素的出现。在这一水平上,超我主要是由患者母亲的形象衍生出来的,她是与患者争夺外祖父的爱的主要对手。在分析的第二阶段,出现了被压抑的施虐倾向的释放,这种倾向主要是源于口欲水平的。这个阶段伴有前面提到过的短暂的抑郁发作，但是引发抑郁发作的愧疚感仍然隐匿在潜意识中。只有到了第三阶段，与肛门和口欲情境相关的超我成分才显现出来。随着它们的出现，超我显然主要是由患者外祖父的形象衍生出来的——外祖父才是她的施虐倾向主要指向的终极客体。然而，只有在面对巨大的阻抗时，与她的施虐倾向相联系的愧疚感才缓慢地浮现出来。

  前面已经指出，患者对"疾病"诱因的洞悉预示着与其施虐有关的潜意识的愧疚感出现了。但没过多久，愧疚感开始更明显地以与"冒险"情境有关的尴尬体验和羞耻感的形式显现出来。当一个男人进入她所在的火车车厢时，她开始感到不安和糟糕，开始脸红，会尴尬地不知所措。然后，她会尽最大努力掩饰她的不安，比如假装阅读而目不斜视，或者努力表现出沉着的姿态。这些经历本身使她感到十分痛苦。而当她开始感觉到那个男人甚至是同一车厢里的其他男人都被她"打动"时，这种痛苦变得几乎无法让人忍受——这种感觉受到一个事实的强化，即那些男人经常会在一个中间站离开她的车厢而走进其他车厢。这种性质的事件使她产生了一种极端的屈辱感，让她觉得自己变成了被众人讨厌的人。接下来，最初在"冒险"情境中表现出来的焦虑开始与乘坐火车的想法联系起来。随着她离家去车站的时间越来越近时，她会越来越担忧；在从家到车站的路上，她会因陌生男子投来的目光而感到尴尬。对她来说，向售票员买票变得非常痛苦。一旦买好票，她就会躲进女士候车室，直到火车进站。当火车进站时，她开始焦虑地寻找着"女士专用"的隔间，如果没有找到的话，她就会试着寻找一节没有男人的车厢。火车到站后，如果她沿着那条径直通往我的咨询室的拥挤大街走的话，她就会被自我意识折磨得痛苦不堪，因此，她会选择更加偏僻的道路绕行。

值得注意的是，她与女人在一起时，完全不会感到尴尬。而随着时间的推移，任何一个可能会遇到男人的情境对她来说都变成了危险的情境。如此，她对阴茎的施虐态度所带来的愧疚感逐渐进入意识层面。她的自我意识在某种程度上反映了对这种潜意识的表现癖的内疚，但更反映了贪欲。她打量着每一个男人——伴随着口欲施虐的一切贪欲——渴望得到他的阴茎。因此，她对每个男人的注视都是罪恶的一瞥。而当她碰到对方的目光时，她就会畏缩。她的愧疚感的范围扩展得越来越大。当她在商店里得到男性店员的服务时，当她注视着教堂里的牧师时，或者当她看到乡村公路上一个走向她的男人时，她都会感到尴尬。没过多久，她感到相对安全的地方就只有咨询室和她自己的家了。但即便是在家里，她的平静也很容易受到打扰，因为妹夫的来访总是加剧她的焦虑；有时她还会因一种"打动"了父亲的感觉而尴尬。焦虑的另一个来源是，在兄弟死后，他的妻子和小女儿就一直住在她家里。那个孩子有些淘气，因此她很快就成为患者自己施虐冲动的象征，以及患者超我所有愤怒的发泄对象。患者一直精心照料着花园，毫无争议地拥有花园的支配权，而当侄女破坏了花园的整洁时，她的超我尤其容易被激发；当侄女弄坏了她栽培的花时，她被激发出了有史以来最愤怒的一次表现。她涌起一种强烈的杀人冲动，并且只有通过极努力地自我控制才能避免对孩子造成身体伤害。对她而言，侄女不仅象征着她自己的施虐倾向，而且象征着兄弟的阴茎，这使其超我部分的暴力反应变得更为复杂。因此，她的暴力反应代表了被压抑的施虐狂的直接表达，同时代表了其施虐性超我的表达。

在分析期间，患者对其淘气侄女的态度为解释最初促使她来寻求分析治疗的那些症状提供了线索。在她的心里，她所教过的那些孩子像她侄女一样获得了其自身被压抑的倾向的象征意义。因此，在严格的超我的驱使下，她要求孩子们绝对服从、完全专注和非常努力。一旦她不能确保这些，她就不能克制自己不守规矩的倾向。在她的潜意识中，学校里的孩子像她侄女一样具有双重意义——不仅象征着她自己的施虐倾向，而且象征着既令人羡慕又令人憎恨的阴茎。因此，她对孩子的态度代表了一种妥协，即她被压抑的施虐倾向与施虐性超我的要求之间的妥协。她所争取的全能感是一种在超我的认可下能够满足其施虐倾向的全能感。事实表明，我们通过精神神经症和精神病症候学可以区分出两类全能感：一类是不被阻挠、不被限制的力比多愿望的全能感——患者在其童年的魔法乐园中寻找的就是这种全能感；另一类是患者在教学生涯中试图建立的全能感，即在升华的活动领域中通过被压抑的施虐倾向的满足而获得的全能感——超我也可以通过同样的活动获得满足。前一类全能感似乎以躁狂和分裂状态为主要特征，而后一类全能感似乎具有强迫和偏执状态的特征。

提到偏执状态，这又让我们回想起患者在分析的第三阶段中的行为。我们已经注意到，患者对其口唇施虐愿望的深刻压抑所引发的愧疚感逐渐以一种夸张的自我意识的形式凸显出来。然而，这种愧疚感只有在面对一种比被压抑的愿望的出现所受到的阻抗大得多的情况时才会显现出来。患者的防御技术被调动到了极致，以防止任何因口唇施虐而引发的愧疚感。一旦认识到自己的心中存在着强大的口唇施虐倾向，她就会对其采取一种有意识的容忍态度，就像容忍一个兴致勃勃的孩子出于善意的恶作剧。在意识层面，她觉得这些的确是太讨厌了，但又是自然和无邪的。这种态度在潜意识里是一种对与其有关的愧疚感的防御。这种愧疚感以缓和的形式在自我意识中体现出来，表现为她在男人面前感到尴尬；但由于她认为这样是幼稚和天真的，所以她会承受羞耻的感受——这令她十分憎恶。在这种态度中，我们已能看到偏执技术的运用，为了拒绝潜意识的愧疚感，这种技术接下来会被大范围使用。由此,"牵连观念"就产生了。比如,她开始注意到,在火车站里,男人们经常接近她所在的车厢门,仿佛要走进去,但他们向里面看了看,就去了另一节车厢。正如我们所看到的那样,她也开始更多地注意坐在她车厢里的男人进入另一节车厢的情境。她把他们的这种行为解释为不想与她坐在同一车厢里。在某些情况下,她的结论或许是有一定依据的。被压抑的力比多的释放无疑对她的言行举止产生了影响,她在与男人交往时产生的尴尬也很容易引起对方的尴尬。因此,她记录的一些事似乎是真实事件,可以根据上述线索加以解释。然而,她并不觉得自己的情感表达会明显到引起别人的注意,这是因为她过去一直太以自我为中心,以至于几乎忽视了别人最自然的情感表达。她认为自己拥有"打动"男人的邪恶力量,这种力量是科学无法解释清楚的。她讨厌自己拥有这种能力,因为这给她带来了痛苦,但她无法认识到这种痛苦的根源在于她的杂食性的施虐倾向所引发的愧疚感。

从关于被迫害的梦境的表面来看,投射技术显然也被用来防御。在她的一个梦中,她在法庭上被指控从一位贵族的树林里偷了冷杉球果。这些球果本应用来培育一批具有巨大经济价值的树。她坦率地承认自己进入了树林,并无意间把玩了这些球果,但她抗议说自己并非一直都在把玩这些球果,因此她没有恶意。她还愤慨地否认了关于她带走了一些球果的指控。她觉得这种不公正的指控伤害了她,但又觉得在法庭上的无辜声明是没有用的,因为她知道这个法庭是极其狭隘和无情的。当然,球果代表阴茎,树林代表与外祖父有关的那片庄园,她小时候曾在那里玩耍过,而那个贵族代表外祖父;法庭代表她的超我,它是被投射的,是一种对内在的愧疚感的防御。

后来,患者做的另一个梦也可以用来说明她采取的投射防御。在这个梦里，患者正在监狱里探望一个大学时代的朋友。这位朋友正在等待一项不确定的罪名的审判，这牵涉到她自己及其兄弟。患者看到她坐在牢房里的一个基座上，保持着平静且庄严的英雄形象。她身后的一扇小窗恰到好处地使射入牢房的光在她头上形成了一圈光环。患者似乎记得，这个朋友与她的兄弟一起做了某些鲁莽但并非违背人性的行为，因此被囚禁了。对患者来说，这个朋友仿佛就是一个殉道者，她即将因勇敢反抗狭隘、过时的习俗而遭受痛苦，但沉浸在狭隘迷信中的公众却将这些习俗奉为神圣。也有人认为，她的殉道对人类具有广泛的影响。分析表明，这位大学时代的朋友代表患者自己，而控告是一种涉及其兄弟的口欲施虐愧疚感的投射。因此，这一主题与先前的那个梦是类似的，但在这个例子中，患者的自恋得到了更加夸张的表达。带有救世主色彩的幻想表明她试图获得一种实现第二套秩序的全能感——在这种全能感中，她被压抑的施虐愿望和理想自我的要求会同时获得满足。当然，潜意识中强烈的愧疚感会妨碍她实现这一目标。正如在先前的那个梦里一样，她使用投射技术来解决这一障碍。但在这个梦里，夸大妄想基本上取代了先前那个梦里的被害妄想。因此，在这一分析阶段，患者的生活史为偏执狂状态的发展提供了重要的说明。

在撰写这篇文章时，她的偏执阶段似乎已经过去了。关于大学时代的朋友的梦象征着一个危机，在这个危机中，患者被迫认识到一个事实，即她把妄想作为对愧疚感的防御。只有在面对巨大阻抗的时候，她才会意识到其心理态度中出现的妄想的成分，进而使用合理化技术来增强阻抗。但是，她对男人的尴尬几乎消失了，这一事实似乎表明她已获得了足够的洞察力。我们希望看到其潜意识的愧疚感迁移至咨询室，因为在咨询室里，我们可以更公开地对其进行处理，但并无迹象表明这一希望会实现。

在得出结论之前，有一点似乎很重要，就是要关注到该病例的另一个显著特征，即患者倾向于将其心理的各方面人格化。这种倾向首先是在梦里表现出来的；但在分析过程中，患者完全在意识层面采取了这种倾向。她将人格化最显著且最持久的两个形象分别称为"淘气的男孩"和"批评家"。前一个形象（似乎总在梦里出现）是一个小男孩，他完全没有责任感，经常搞恶作剧和取笑他人。在患者的描述中，这个男孩在梦里经常会用小把戏惹恼她，或者会被一些比较沉稳的人追赶，然后一边逃跑一边嘲笑这些人。其他一切类似的形象无疑等同于他，他们通常都是滑稽的，比如小丑和表演杂耍的喜剧演员。患者认为"淘气的男孩"代表了她幼稚的自我，无休止地玩耍似乎成了她唯一的人生目标，这实际上就像她自己童年时代的情形。选择一个男孩来代表她幼稚的自我，无疑是因为男孩拥有阴茎——在她看来，它是一个有魔力的法宝，可开启一切欢乐的大门，让生活充满无尽的快乐。这个梦中角色的行为容易让人联想起一个轻度躁狂症患者的行为。患者在回忆时承认，在最初的兴奋阶段，她的行为是由自身"淘气男孩"的活动所决定的。

患者所描述的人格化的"批评家"是一个性格迥异的形象。"批评家"基本上是一个女性人物。然而，她曾经工作过的学校校长或其他与之性格相似的男性形象偶尔也会在她的梦里扮演"批评家"的角色。当男性扮演这一角色时，他无疑代表着一位有威严的父亲形象，而她焦急地想获得他的好评。然而，"批评家"的典型代表是一位严肃的、令人敬畏的、清教徒式的、好斗的中年女性。有时，这个女性只存在于患者的幻想中，她会在公众场合指控患者；但更多的时候，她由现实生活中的知名女性所代表——患者过去一直受制于她的权威——如学生公寓的女主管、一位资深的女教师，或朋友的母亲。因此，"批评家"是一个被赋予母亲般的权威的典型形象，患者的亲生母亲也时常毫不掩饰地扮演着这一角色。

在患者看来，上述两个形象根本上是对立的。有趣的是，我们从对他们的描述中可以看出，"淘气的男孩"和"批评家"分别对应着弗洛伊德描述的心灵中的"本我"和"超我"成分。需要补充的是，在一些梦里，梦中的"我"表现为"淘气的男孩"，而在经常出现的教学的梦里，梦中的"我"总是扮演着"批评家"的角色。然而，做梦时的意识通常扮演着一个独立旁观者的角色，它有时同情一方，有时又同情另一方。由此，这些人格化的梦境提供了一个动人的戏剧场景；而场景中的主要演员所扮演的角色明显对应于被弗洛伊德归为人类意识体系中的本我、自我和超我的那些成分。

在患者的梦中，三位主要角色与弗洛伊德的心理三分法是吻合的。人们必定认为这种一致性为弗洛伊德理论的实际有效性提供了有力的证明。然而，必须指出的是，目前所提到的梦中人物绝不是患者梦里出现的所有人格化表现。后来，她的梦里出现了另一形象，被她称为"小女孩"。在患者的描述中，这个小女孩一直都是5岁左右的样子。她是一个很有魅力的小家伙，充满了儿童的活力，但没有"淘气的男孩"那种惹人嫌的顽皮。患者解释说，这个形象代表了她自己，因为她乐意一直处在童年时代——拥有一个自然又无邪的自我，绝对会让超我喜欢她。在分析的第三阶段，另一个参与进来的人格化形象是"殉道者"，他与"小女孩"出现在相同的梦里。

我们必须注意这一事实：尽管"小女孩"和"殉道者"都扮演着相对次要的角色，但作为人格化的形象，他们的真实性似乎丝毫不逊于"批评家"和"淘气的男孩"。这似乎在质疑弗洛伊德的心理三分法没有引导我们从实体的角度去关注自我、本我和超我——这几乎是弗洛伊德采用地形学的方法描述心理结构的必然结果。他的地形学描述为我们提供了一种非常宝贵的假设，但并非每一种地形学描述都能公正地反映心理结构的一切复杂性。从心理学理论角度来看，这样一种描述模式最终是否注定会被证实是误导性的呢？前面讨论的案例所提供的资料似乎表明了与自我、本我、超我相对应的功能结构单元的存在，但似乎也表明了这些功能结构单元不能作为心理实体。毕竟，现代科学的总趋势是怀疑实体的，旧的"官能心理学"正是在这种倾向的影响下才消失的。也许将心理现象置于功能结构的类别中，是心理科学可以做出的最大尝试。无论如何，赋予实体以"本能"的地位似乎与现代科学精神是相悖的——根据现代科学知识，本能应被视为一种典型的行为动力模式。类似的考虑也适用于弗洛伊德的心理三分法，因此我们必须认为它代表了心灵中结构要素的典型功能单元。自我、本我和超我的确代表着典型的功能结构单元，这一点似乎从我们当前的案例中得到了证明；但是该案例也指明，可能还有其他功能性结构单元。

尽管对患者梦中出现的人格化形象的研究似乎表明不应将心理看作是由独立实体组成的，但这似乎为解释多重人格现象提供了一些启示。以上所描述的典型人格化形象都表现出了独立人格，这一事实表明，多重人格可能只是本病例中产生这些人格化形象的同一过程的高级产物。在《自我与本我》中，弗洛伊德表示，多重人格的起源或许能追溯至自我的各种认同。刚才所讨论的患者梦中作为典型人格化形象的"批评家"就为这种可能提供了证据，因为"批评家"这个人物显然主要是基于患者对母亲的认同来塑造的。但其他形象似乎不能以同样的方式加以解释。作为一个整体的人格化形象似乎最好被解释为具有功能的结构单元；出于经济原则，它在整个人格中获得了一定的独立性。我们似乎有理由推测，导致多重人格的心理过程只是引发该患者梦中的"淘气的男孩""批评家""小女孩""殉道者"形象的那些心理过程的更加极端的形式。尽管在这一特定病例中，这些人格化形象在很大程度上被限制在梦的潜意识领域，但在更极端的情况下，类似的人格化极有可能会侵入清醒的意识领域。事实上，即便是在这个病例中，也确实发生过人格化形象侵入清醒生活的事件。在分析开始后持续的兴奋期中，"淘气的男孩"几乎完全占据着她的意识生活。她后来在回顾这一时期时主动表示当时自己完全是另外一个人。

鉴于此，患者梦里的人格化形象不仅与弗洛伊德所描述的心理结构有共同之处，而且与多重人格现象有共同之处。多重人格是导致本我、自我和超我的分化过程的最终产物。在分析过程中，我们总是会发现这些结构分化的证据，以至于必须认为它们的存在不仅是典型的，而且是正常的。然而，我们必须认识到，在异常个体身上，本我、自我与超我的分化是最严重的。这就引发了一个问题：在理论情况下，当一个完全整合的人格没有在发展过程中遇到任何障碍时，这些结构在多大程度上是可以完全独立的？摆在我们面前的案例事实表明，多重人格的本质现象有时可能产生于"超我"和"本我"对意识领域的暂时侵入。此外，潜意识领域中分化出的独立结构（它们拥有弗洛伊德在心理三分法中未曾提及的边界）也有可能侵入意识领域。这个案例同样表明，出现躁狂状态可能是由于一个具有本我性质的结构侵入了意识领域。如果确实如此的话，那么躁狂症似乎就与多重人格有着类似之处。但对抑郁症来说，实际情况过于复杂，所以我们不能把它简单地看成超我对意识领域的侵入。

现在，我们可以做出如下总结：

（1）显然，该案例最引人关注之处就在于患者是一位生殖器官异常的女性——至少是没有阴道和子宫的；与之相伴的还有内分泌紊乱，但谨慎起见，我们没有对此进行描述，以免诱使更多的医学从业者相信这是导致她神经症症状的原因——这种解释是站不住脚的，因为她的那些与她有着一样身体异常的姐妹们并没有出现精神病理性的内分泌紊乱。此患者的精神分析治疗所提供的资料表明，在这个病例中，神经症状的发展也可以根据精神分析概念进行满意的解释。就这个特殊的患者而言，我们几乎可以肯定的是，她的身体异常只有在其构成一种心理创伤时才会被提及，而且它必然排除了正常性生活的可能性。

（2）值得注意的是，在这一病例中，阴道的缺失引起了患者潜意识中对阴蒂的高估。她在潜意识中将阴蒂与阴茎等同——这也是十分有趣的，似乎证实了阴蒂不仅在生理上是阴茎的等同物，而且在心理上也是阴茎的等同物。鉴于她的生理缺陷，我们可以推测，一直以来阴道而非阴茎才是潜意识嫉妒的对象；而事实上，似乎是没有阴道才促进了阴茎嫉妒。我们或许可以推断，对于一位生理正常的女性而言，性压抑是阴茎嫉妒的前提，而阴茎嫉妒并不会激发女性的性压抑。如果这一推断正确的话，那么"女性的阉割情结"这一经典概念似乎需要修改了。

（3）由于患者的抑郁期和兴奋期极其短暂且频繁交替——在分析会谈中轮流出现和消失，这一病例是非同寻常的。可以说，这种特征使仔细研究躁郁过程有了可能性。

（4）对患者进行分析的第三阶段提供了偏执狂状态发展过程的极佳缩影。

（5）在对患者进行分析时的一个非常重要的特征是，她对被压抑的口欲施虐欲望引起的愧疚感的阻抗远远超过了对这些被压抑的欲望本身的阻抗。这一事实强有力地表明，超我本身受到了自我的压抑，在某些情况下，它可能会受到比"被压抑的"力比多成分更严重的压抑。

（6）对这一病例的分析惊人地揭示出，超我的结构在多大程度上是按照力比多发展的阶段而分层建立起来的。它还揭示了超我的核心起源于性器期之前，属于一种口欲水平，因此它必定是在口唇期建立起来的。

（7）这一病例所提供的资料表明了两种秩序的全能感的存在——一是原始的力比多目标的全能感，二是通过"升华活动"实现的全能感，它同时满足了原始的力比多目标和超我目标。

（8）在分析过程中，该患者对其兄弟死亡的反应特别重要，因为在该事件发生前不久，她做了一个虐待狂的梦。尤其引人注意的是，这个梦提供了实验性的证据，支持了纯粹基于精神分析思考所得出的推论。

（9）患者梦中出现稳定的人格化形象似乎表明了多重人格现象的产生方式。这些现象是在经济需要的压力之下由潜意识中分化的功能性结构侵入意识领域所导致的。因此，弗洛伊德的心理三分法应被看作对类似性质的典型结构的描述，而非对心理构成实体的分析。

9　国王之死对分析中的患者的影响（1936）

1936年，乔治五世国王的逝世对当时正在接受我分析的三位患者造成了很大影响。一组患者对同一事件的反应让人很感兴趣——尤其是如同国王之死这般意义重大且不常见的事件。因此，我似乎必须把我所提及的三位患者的反应记录下来。这些患者全都具有明显的口欲施虐压力和口欲吞并倾向的特征，而这似乎在很大程度上导致了他们对国王之死的极端反应。

其中一位患者是个18岁的年轻人，大约在乔治五世国王去世前四个月，他从精神病院转介到我这里接受分析。在其人生的大部分时间里，他都是家里的独子——他的弟弟在他6岁之后出生，但活了6年就去世了。他的主要症状是：（1）无法忍受与母亲的分离，并对此有着强烈的焦虑；（2）有疑病症，坚持认为自己患有心脏病；（3）严重心悸反复发作，并伴随着对死亡的不可遏制的恐惧。

虽然临床表现以焦虑症状为主，但患者的行为显示出其具有精神分裂的背景。在分析开始之后，我很快就发现他不愿意离开母亲的一个很重要的原因是，他需要不停地确认母亲没有被他的口欲施虐所毁灭。他对心脏的焦虑能被还原成他担心自己会被内化的母亲以咬掉心脏的方式杀死，因为他把大量的口欲施虐投射到了母亲身上。有一个梦很好地说明了这一点。在梦里，他看见自己的心脏放在盘子里，而母亲正用勺子把它舀起来。在国王去世前的几个月的分析中，他的症状明显得到了缓解。然而，当有关国王心脏状况的令人不安的公告开始发布时，他的症状明显加重了。每次打开收音机，他都会陷入恐慌，他的睡眠时间变得不稳定，并且他开始不分昼夜地给我打电话，希望借此得到安慰。患者得知国王去世的消息是在一个早晨，而在前一天晚上，他梦见自己枪杀了一个代表他父亲的人。梦中，他和母亲待在一间屋子里，他向母亲解释说，朝那个男人开枪不是因为不喜欢那个人，而是因为担心自己的生命安全；他还解释说，夺走那个人的生命等于夺去了自己的生命，他预计自己会被判入狱六年。接下来，一个年轻女人出现了，但他随即认为这个女人就是被他杀死的那个人。接着，母亲离开了房间，就在此时他听到隔壁房间传来叫声。叫声似乎来自那个被他杀死的女人，但这个人现在似乎就是他的弟弟（六年来，弟弟的去世让他承受着良心上的重负——这是他在梦里预期被关押的期限）。"年轻女人"作为一个性客体，被证明象征着他的母亲，因此，这个梦就代表了整个家庭的毁灭。事实上，这个梦之后紧接着出现了另一个梦，在梦中，他的母亲站在楼梯上，警告他不要吃楼梯下的果冻。这种破坏行为实际上是一种口欲施虐的吞并行为；对患者本身来说，这种行为包含着致命的危险。因国王去世而引发的焦虑症状似乎主要是源于患者赋予内化客体的危险性质。

第二位患者是一个31岁的未婚男人，当国王去世时，他已经接受了超过两年半的分析。最初促使他前来寻求分析帮助的症状是他不停地想要小便，这种欲望非常强烈，完全占据了他清醒时的生活。他在5岁那年差点儿死于积脓症，从那时起他就处于半残废状态。在出现泌尿症状之前，他的生活主要被对于自己胸部的焦虑所支配。在泌尿症状减轻后，这种焦虑在分析过程中再度出现了。由于他还担心食物中毒，所以随着分析的继续，强烈的口欲施虐压力变得非常明显，这一点并不令人惊讶。这种口欲施虐的出现伴随着胃部症状，这在一定程度上替代了持续不断的胸闷感觉。没过多久，胃部症状消失了，但就在国王去世前不久，他因轻微的扁桃体炎而开始成天关注自己的喉咙。对他来说，国王的死令人非常沮丧，他强烈地感觉到这就像是自己的父亲去世一样；而报社和电台对此事件的大肆报道令他非常愤怒。他平时的兴趣随之减退，对自身健康的担忧随之加剧——他感到从头到腰部都堵得慌。最重要的是，他变得非常担心自己的安全。他觉得体内仿佛爆发了一场战争，并感到身体中存在着某种对立的、危险的力量。根据分析中已经出现的资料，他体内的战争显然是发生在其口欲施虐的自我与内化的父亲形象之间的战争——他要赋予父亲形象以口欲施虐的特性。国王之死代表着他完成了针对父亲设计的口欲施虐，他开始使用吞并来为其内在的破坏感负责。

两周后，这位患者对国王之死的直接反应发展得很有意思，当时他做了一个关于"国王雪茄"的梦。梦的开头是他发现自己的车被偷了。在打电话报警后，他发现父亲（实际上已经去世了）远航归来了。父亲的归来让他喜出望外，他立刻为父亲准备了一顿丰盛的晚餐。突然，小偷带着车出现了，这使患者怒火中烧。随后，他看见一个广告，显示国王的雪茄售价为147英镑。

无疑，这个梦引入了"客体的重现"这一主题。梦境描绘了患者父亲的重现，一直以来，父亲的死满足了他的口欲施虐。重要的是，他用一场丰盛的大餐庆祝这一事件。此外，国王的雪茄这个广告等同于父亲的阴茎的复归，它是口欲满足的客体。

两天后，重现这一主题又出现在一个梦里——患者似乎与国王乔治五世一起在白金汉宫外的一片被洪水淹没的区域游泳。尽管患者努力地想救国王，但国王始终把他的头埋在水里并最终溺亡。在接下来的场景中，警察从一辆马车上搬来一些箱子，他们看起来像在葬礼上又像在法庭上。患者发现自己与国王同坐在一节豪华舒适的车厢里，而国王显然恢复了生命和健康，这让他如释重负。

这个梦中国王的复活与先前梦中他父亲的复活是相对应的。我们需要注意的是，在这个梦中，国王（等同于父亲形象）的去世可归咎于洪水的影响——这一事实让人回想起患者最初不停小便的症状。如果说在第一个梦里，被他的口欲虐待所摧毁了的客体复活了，那么在第二个梦里，被他的排尿施虐所摧毁的客体也复活了。

最后一位患者是上一篇论文中所讨论的那个生殖器官能异常患者。该患者被推测为女性——尽管其性器官的缺陷导致其性别不确定。她现年50岁，已接受了九年的分析。她过去的职业是教师，但由于以焦虑、抑郁和自杀想法为特征的周期性精神崩溃，她不得不放弃这一职业。她的分析时间持续了很久，这在很大程度上是由对她性别的不确定所导致的，且在某种程度上也是因为她在最初的躁狂期之后开始使用投射机制，并用躁狂抑郁症状代替了关于男性的关系妄想。她的间歇性抑郁时常会发作，而其偏执症状会在抑郁发作期得到缓解。在对她进行分析的第八年里，由于投射机制的减弱，偶尔的轻度抑郁发作成为最显著的临床现象。在对被严重压抑的肛门施虐倾向做出分析之后，偏执症状消失了；但随着投射机制的减弱，口欲施虐这一更基本的现象——也是抑郁发作的根源——便显露出来了。我们现在可以证实，这些抑郁的发作无论如何都是由真实事件所引发的。这些事件通常是琐碎的，国王之死就是为这种发作提供契机的事件。

国王去世当晚，就在患者准备上床睡觉时，她听到了一则电台公告，大意是说国王正在迅速衰弱。直到第二天早上，她才得知国王的死讯，但重要的是，就在国王去世那晚她梦见自己的父亲去世了。听到国王的死讯后，她一整天都感到心绪不宁，非常痛苦。她错过了我们之前约定好的会面，但她的理由很有现实依据——她把会面时间记成了第二天。她的思绪一直处在紊乱状态中，我们可由这一事实推断她觉得自己必须为国王之死负责。直到第三天，她醒来时仍感到非常沮丧，但到了上午11点半，她的抑郁神秘地消失了。而在前两个晚上，她做了一系列很痛苦的梦，这些梦为分析提供了大量素材。

我们可以从这一系列梦中挑选出下列值得注意的特征：第一个梦没有具体的内容，几乎只有令人惊骇和可怕的情感。梦者感觉被恐惧、痛苦和绝望所掌控。她似乎在黑暗中摸索，但她所担忧的是她的精神状况，因为她感到彻底的、令人绝望的疯狂。然后，她又做了一个梦，梦见自己从脚往上开始变冷，并觉得当她完全变冷时，她就彻底完蛋了。后来，她又梦见自己住在一个漂亮的小房子里，那里的一切是如此美好。她带着母亲走进一个房间并展示它的完美，但令她恐惧的是，她看到两株巨大的杂草正在可爱的深红色地毯上不断生长。她立刻弯下腰去拔除杂草，却发现它们难以根除。接着她感觉房子似乎坐落在一个公园里，她坐在房子旁边的一个装着动物的箱子上。一个女人带着一条狗走进了公园，随后响起了喊叫声："把那条狗弄走"。有人企图抓住那只狗，但它以极其激动和凶猛的状态逃脱了。随后，患者听到身后传来了狗叫声，她惊恐地发现狗正试图接近箱子里的动物，并要咬死它。这个想法使她极度担忧自身的安全。后来，她听到家门口有敲门声，跑去开门后发现两个警察站在雨中，外面漆黑一片。她邀请警察进屋，他们帮她打开了大厅里的吊灯。随后，她注意到灯光是红色的——红色代表了危险。她开始格外警惕警察的到访，并紧张地思考他们为什么会特地前来探访。这两名警察随后变成了三个女人，她们开始解释来访的原因。在很长一段时间里，她都不能理解她们究竟在说些什么，但是最终她明白了——一些可怕的灾祸降临到了一个叫作"小大卫"的人身上。当她正在想谁是"小大卫"以及自己跟他有什么关系时，她醒过来了。

毋庸置疑，"大卫"是新国王（爱德华八世）在皇室家族中的名字。降临在"小大卫"身上的灾祸正是他父亲的去世。与这场灾祸有关的超我形象到患者家中探访，暗示了杀死国王的人就是她自己——她在梦里否认了杀父行为，因为她不知道这个"小大卫"的真实身份。凶猛的狗试图撕咬箱子里的动物，这一场景代表了她的口欲施虐性的犯罪。当然，她坐在箱子上是要冒着生命危险来保护她内化的父亲，使其避开她的口欲施虐力比多；对这种情境更准确的描述或许是，为了拯救父亲这个真实人物，让他避免她的口欲施虐，她内化了父亲。随后，口欲施虐对她的自我形成了威胁。为了使真实人物免遭口欲施虐冲动的毁灭而内化力比多客体，这一主题已出现在对该患者的分析中。在国王去世前不久，她提到了对父亲的强烈厌烦感，因为他会坐在她想坐的椅子上。当时她遏制住了自己的愤怒，但这导致了抑郁的发作。之前有几次抑郁发作都是在她遏制了对我的不满后随即发生的。在这类事例中，抑郁发作都是公开表露愤怒的替代品，内化客体的目的在于拯救现实人物免遭毁灭；作为代价，她的自我暴露在了因挫折而释放出的肆意施虐中。因国王之死而导致的客体内化与发生在分析中的这类客体内化截然不同，它属于在对该患者做出分析之前出现过的那一类。例如当她的兄弟被汽车撞死时，当她的父亲在一场车祸中受到重创时，当我有两次突然生病时，当她有一天看到以前的校长的女儿身着黑色衣服而推定他去世（这是个误会）时——在这些情况下，抑郁发作不是由挫折所引发的，而是由被压抑的施虐欲望的意外满足所引发的。或许我们可以通过一个事实来加以说明：在患者的兄弟死于车祸的情况下，在不可避免的抑郁发作之前有一个短暂的兴奋期。这类抑郁发作的典型客体内化不具有保护外部客体的目的。在这些事例中，在内化的防御付诸行动之前，伤害就已经发生了。在这种情况下，内化的目的是吸收被释放的泛滥的施虐欲，可以说这是"带有血腥味的"。或许事实的真相就存在于梅兰妮·克莱茵的论述中："每一段失去真实所爱的客体的经历，都会即刻引发对失去内化客体的恐惧。"（《国际精神分析杂志》，第16卷）

10　心理学：必修学科与被禁学科（1939）

当我受邀参加圣安德鲁斯大学哲学协会的会议并对一篇有争议的短文展开讨论时，我想借这个机会来提出这一问题：尽管现在心理学作为一门沉寂的学科已在所有大学中得到认可，甚至成为教育学专业学生的必修课，但为什么心理学思想中的某些特定体系在学术领域中几乎仍是禁忌呢？就在圣安德鲁斯大学不久前举办的一次心理学家会议上，有人试图否定精神分析的心理科学地位——这恰巧是我非常感兴趣的一个心理学体系。对我们当前的目的来说，这种对精神分析理论的质疑是毫无意义的，不过它反映了大学圈中一种广泛的思想倾向，即把精神分析从学术研究领域中剔除出去。当然，这种倾向在任何地方都很强烈。总体来看，毫不夸张地说，精神分析理论远不是心理学课程中的必修学科，实际上是一门被禁学科，这一点是足够明显的。因此，我想要在这里探讨是什么导致精神分析类图书被列在学术禁书的目录之中。

如果去询问学术黑名单的编辑，为什么精神分析在学术界会被降格到与炼金术、占星术一样令人反感，那么我们完全可以根据已有的阐述预见到答案。当然，我们会被告知精神分析是不科学的。针对这一指控，精神分析学家会回复说，不讲科学的正是那些学院派的心理学家，因为他们在阐述关于人类本质的理论时忽略了很多科学事实。鉴于广泛的心理现象领域受到忽视，精神分析学家使用"潜意识"这一笼统的名称来描述这一领域；然而，很大一部分严格意义上的"意识"现象所受到的忽略更甚。他们在列举人类的"本能"时，只是简短地提到性本能的存在，或者只是给出某些委婉的对应词，如"繁殖本能"或"交配本能"，就认为自己已经对"性"和"爱"所代表的人类行为和经验的全部内容做出了说明。他们对我们在谈论"良心""原罪""内疚"时提到的那类最重要的现象也几乎完全视而不见。进一步来说，他们尽可能地忽视了人类的恨与攻击的各种表现形式，如战争、迫害、压迫、革命和狂热主义。通常，学术界在表达对这一论点的强烈反对时所采取的形式是，否定这些精神分析数据的客观性，如指出受到实验室训练的心理学家没有观察到这些数据。对此，精神分析学家指出，虽然某些数据只有在调查者出于情感原因而视而不见的情况下才会被忽视，但其余数据只有通过标准化的分析技术才能被发现。于是，分析技术本身就成了学术批评者攻击的对象。他们指出，实际上技术才是真正不科学的，并声称通过分析技术获得的数据在很大程度上是技术本身的产物。当然，精神分析学家指出，没有什么技术比自由联想法更加科学了，它是分析技术的基础，由受过训练的严格公正的观察者来掌控。然而，批评家们立即抓住了这一事实，即在精神分析治疗中，患者通过自由联想产生的材料是由分析师进行解释的；他们由此推断，由于分析师在患者眼中的威望，随后的自由联想就会逐渐被分析师的先入为主之见所干扰。然而，精神分析学家并不接受这一推断，因为在精神分析治疗中，被解释的内容与其说是患者产生的实际材料，不如说是他特有的对材料的产生的顽固阻抗以及对常规分析情境的反应。只要克服了这种阻抗，材料本身就足以说明问题了。的确，有时分析师发现自己必须对实际材料做出解释，但他这样做只是遵循公认的科学程序，运用已获得的知识阐释更多的事实。应该补充一点，阻抗本身的各种表现形式应被视为由分析技术所获得的最令人印象深刻的材料之一，这些表现形式构成了有待解释的重要现象。正是基于对这些现象的观察，抑郁的基本精神分析理论才得以建立。

在学院派批评家基于科学理论提出的针对精神分析的所有指控都得到宣泄和争辩之后，总会涌现出另一种批评的声音，它似乎代表了反对将精神分析囊括到学术课程之中的真正原因。这种批评实际上类似于针对苏格拉底的指控的现代版（他被指责教坏了雅典的青年人）。对于苏格拉底来说，事实证明他所提出的"了解你自己"的原则值得用生命去拥护。因此，当精神分析学家要求人类审视自身的动机时，他只有足够幸运才能全身而退。

事实上，将精神分析理论从心理学本科课程中剔除出去确实有相当充分的理由——尤其是如果精神分析理论恰好是正确的。根据精神分析的研究，我们发现人性深处隐藏着黑暗和危险的力量，人们针对这些力量建立了许多不太稳固的防御——部分是内部和个人的、部分是外部和社会的。鉴于这些防御的不稳固性以及建立它们用以抵御的力量的狂暴性，我们有理由怀疑把有关自身的真相告知人类的做法是否足够安全。在当代世界的各种观念的转变中，最重要的一点也许是维多利亚时代和后维多利亚时代乐观主义的减弱——在科学界也是如此。乐观主义认为现代科学的发展是黄金时代的前兆，人类在科学的帮助下注定会沿着一条坦途不断取得进步；然而当今世界的大多数事件让我们越来越坚信，科学知识对人类来说并非百利而无一害。我们现在几乎拿起报纸就能读到，由于人类掌握了从物理学和化学的最新进展中获得的知识，人类的幸福和福祉，甚至是文明本身都面临着某种新的威胁。

然而，需要指出的是，人类掌握这些知识所带来的真正危险来自人性中存在的那些骚动和破坏性力量。精神分析研究表明，这些力量在个体潜意识心理系统中有着非常重要的作用——比通常从表面来看或者比文化的外衣引导我们认为的重要得多。因此，与其说物理科学的进步所带来的知识是危险的，不如说掌握这些知识所带来的对人性中存在的破坏性倾向的增强效力是危险的。至于精神分析研究声称要提供的心理学知识，情况就大不相同了，因为它的作用并非增强人类的破坏性倾向的效力，而是揭露这些破坏性倾向本身。因此，精神分析真正让人们感到震惊之处在于它所揭露的事实本质。精神分析本身让人感觉到是危险的，这是因为它揭示了人性中危险力量的存在，而个体急于否认这些力量。在精神分析早期，对性愿望的压抑几乎是唯一被关注的现象，人们首先要否认的似乎就是被压抑的性倾向的存在。然而，进一步的研究已经表明，人们明显更想毫无保留地否认自身强烈的攻击性；而他们企图否认自己的性欲，这在很大程度上是由于其性倾向与其攻击态度是联系在一起的。因此，将精神分析理论从大学课程中剔除出去，似乎意味着人们试图继续遮蔽人性的某一面——这一面不仅是个人内疚的原因，也是社会禁忌的原因。

有趣的是，精神分析在揭开掩盖人性更原始一面的面纱时，只是在科学领域内完成了这项任务，而在科学领域之外，历代道德和宗教改革者一直在重复这项任务。正如《提多书》中所写："我们自己有时也是无知的、悖逆的、被蒙蔽的，服从于各种欲望和快乐，活在恶意和嫉妒之中，是令人讨厌的，也是相互憎恨的。"尽管总是有许多改革者会遭到既定秩序的强烈反对，但是仅将这种反对归咎于人类固有的一种无法解释的保守主义，这将是极其不充分的。事实是，所有的新信条都具有破坏现存文化的作用，而现存文化其自身的功能就是对人性中原始力量的社会防御。因此，新信条所遇到的阻抗本质上是现存文化的防御。确切地说，精神分析遭遇的社会阻抗也具有类似的性质。

当然，道德和宗教改革者的特点是，他们的目的不仅在于揭开掩盖人类更原始一面的面纱，更在于揭示现存文化防御的弱点——新信条的传道者往往不仅会使其潜在的皈依者相信他们自己是邪恶的，还试图使他们相信自己过去所信奉的任何信条都是无知的迷信。当然，他们在这样做时也坚信：在破坏现存文化的防御时，他们能用更好的文化防御来代替。作为科学家的精神分析学家并不能提供新的信条，但他们也要破坏现存文化的防御。与此同时，在遵循他们自己独特的科学探寻之路的过程中，他们不可避免地需要形成一种关于这种防御的心理本质和起源的理论。因此，人们认为他们打破了保护人类制度神圣性的禁忌，正如他们曾对这些制度"施暴"那样。

我们明白，反对精神分析的真正本质在于：（1）精神分析揭示了人性中存在着人类本性不愿意承认的原始的破坏性的力量；（2）它说明了人类为保护自己免受这些力量而建立的心理防御的本质与起源。在向大学本科生讲授精神分析理论时，他们的主要问题是认为反对意见似乎特别有说服力，因为大多数本科生还未走出易受影响和不稳定的青春期——众所周知，青春期的特点是倾向于质疑公认的文化价值观。

在这一点上，我们有必要提醒自己，精神分析理论并不是世界上唯一不幸被列入了学术黑名单的科学理论。在纳粹德国，学术黑名单的规模相当庞大，例如与"雅丽安人种学说"相冲突的人类学或民族学理论基本都不能在大学里获得一席之地。尽管英国学术界反对这种对自由思想的不合理限制，但是公平地说，因为精神分析理论被认为是具有文化破坏性的就将它排除在大学课程之外，这与纳粹德国的学术黑名单可谓如出一辙。或许两者唯一的不同是，在英国受到保护的是传统的古典基督教文化，而在纳粹德国受到保护的是纳粹主义的意识形态。

我们不能因为一个社会群体试图通过限制自由质询来保护其文化完整性而对其做出过于严厉的评判。毫无疑问的是，任何一种意识形态的完整性对于围绕其组织起来的群体的凝聚力而言都是至关重要的；而且可以肯定的是，每个群体的凝聚力都与某种意识形态息息相关——无论这种意识形态表述得多么不明确，被何等宽容地维持。因此，似乎不可避免的是，试图存活下去的社会群体总会对自由质询施加一些限制。当前的人性能够在多大程度上容忍真相以及真相之外的一切，这是一个非常现实的心理学问题。

有人告诉我们，一知半解是危险的，但是事实是，拥有很多知识可能会更加危险。根据这一事实，物理科学的最新进展似乎极有可能导致人类的彻底毁灭。尽管英国大学已经普遍取缔了宗教测试，但对一个罗马天主教徒来说，无论他是一个多么出色的学者，都不可能在苏格兰大学被任命为希伯来语教授；同样，一位公开承认的超现实主义者几乎不可能成为大学艺术系主任。事实是，在大学课程中，一个学科的文化价值越高，就越不允许有思想自由和质询自由。

这难免会涉及一个问题：大学的功能是什么？大学在社会中可能承担三种功能：（1）推动文化进步；（2）传授技艺；（3）推动自由和无限制的科学探索。目前的实际情况是一种折中——部分地承担这三种功能，同时避免只承担其中一种功能。我们必须认识到，每种功能都代表了不同的目标，这些目标是不容易调和的。特别是对一个仍认为其历史角色是守护某种传统文化的机构而言，它很难同时发挥推动自由和无限制的科学探索的作用。这是因为科学知识的每一次重大进步都对主流文化具有瓦解的作用。

随着现代科学的飞速发展,我们的大学如今正处于一种被迫选择功能的境地。如果说一所大学首先应该是文化的守护者,那么我们将会看到一份必修学科的清单,以及一份被禁学科的清单。而如果说一所大学首先应作为一个推动科学探索的机构的话,那么这就同它坚持的科学学科或科学理论的学术审查制度不一致了——在这样的大学里,我们可预见精神分析理论会醒目地出现在心理学专业学生的教学大纲中。在后一种情况下,其结果或许不会对文化造成太大的不利影响,因为如果知识可以被破坏性地利用的话,那么它同样可以被建设性地利用。例如,同样的化学知识,可以使人们制造出用于战争的有害毒气,也能使人们发明出防护方法以抵御人为和自然的破坏力量。同样,如果说精神分析看似危险是因为它揭露了隐藏在人性中的破坏性和毁灭性力量,以及它对为控制这些力量而设置的防御的特性进行了科学审视,那么它同时让我们了解了破坏性和毁灭性因素滋生的条件,以及最有可能减少其影响的条件——这些知识的重要性怎么强调都不过分,因为关于在何种条件下会出现何种现象的知识是掌握由该现象所引发的问题以及有效控制其影响的第一步。毕竟精神分析是作为一种心理治疗的形式而产生的,如果现代精神分析理论有助于解决心理失调问题,那么它也有助于解决社会失调问题——这只是心理失调问题的放大版。因此,精神分析很可能会为文化目标的达成做出重要的贡献。这样看来,精神分析可以说远远超越了大多数更为学术化的心理学研究。

11 战争神经症的本质与意义（1943）

接下来，我打算记录下我对所谓的"战争神经症"的本质所得出的一些结论。这些结论在很大程度上是基于我对调整军人的精神病理性状态的经验，我在1939年战争爆发期间，担任急救医疗中心一所特殊医院的客座精神科医生。

创伤因素

"战争神经症"是一个涵盖了各种临床状况的综合性术语，就其所涉及的症状学而言，现在的精神病学家普遍认为，战争神经症与和平年代的各类流行性精神神经症和精神病状态的特征没有明显的区别。因此，有些精神病学家认为，更准确地说，我们应该称其为"战时神经症"，而非"战争神经症"。还有一些精神病学家坚持认为，军人病例必须被区分为两类：（1）由突发的战争引起的精神病理性状态；（2）恰巧发生在服役期间的一些常见精神病理性状态——在普通人的生活中也会发生。这种区分似乎是基于这样一种观察，即在一定比例（尽管只是一定比例）的军人病例中，精神病理性状态是在与活跃的战事有关的某种创伤经历（如附近的炮弹或炸弹爆炸）的基础上发生的。"创伤神经症"在和平年代也并非不存在。在此，我们必须牢记的是，如果这些神经症在战争时期比在和平时期更加普遍的话，那么它们本身也是暴力性的创伤经历。实际上，一个较为常见的情况是，在战争中患上创伤神经症的士兵，也曾在和平生活中患过创伤神经症。在一部分军人病例中，我们发现导致"战争神经症"的创伤经历仅仅是一种偶然与战争条件有关的事件（例如一场车祸）。然而，如果不停下来考虑什么是创伤经历，我们就不可能忽视创伤经历在诱发战争神经症中所起的作用。

人们常常认为，创伤经历会导致新的精神病理性状态；他们甚至指出，即便调查得足够细致，我们也很难发现这样一种病例——在其既往病史中无法检查到先前已经存在的精神病理性特征的证据。因此，我们有理由断定，创伤经历是一种通过激活早已存在的、迄今仍不易察觉的精神病理性因素而促发精神病理化发展的经历。这一结论的正确性得到了事实的证实——在某些病例中，我们有可能在创伤经历中发现高度的特异性。为了说明这一点，我可以引用下面的病例。

病例一：炮手W.I.，27岁，单身

这名士兵在其担任海军炮手的油轮被空袭击沉之后，出现严重的焦虑状态并伴有难以承受的恐惧症症状。这艘船被炸弹击中后，由于装载了易燃的货物而瞬间熊熊燃烧。起初，他以为自己会被困在燃烧的船上，但他很快设法逃到了一艘小船上，这是唯一一艘成功下水的船。然而，在给船解缆时出现了一些延误，他预感到这艘船也会起火，于是迅速跳入水中，游离了这艘船。幸亏他这样做了，因为小船上的其他人都被烧死了。但是，当他游离时，燃烧的汽油从船上向外扩散，在水面上追逐着他，因此在他被救起之前，他经历了一场生命的赛跑。在这一事件中，他面临着一系列危险情境——被轰炸，被困在燃烧的船上，发现自己最有可能的逃生希望（小船）只是对生命的又一次威胁，在游离时被燃烧的汽油追赶，最终面临溺亡的危险。表面看来，这些情境中的任何一个似乎都可能构成一种创伤经历，但就这名士兵来说，这些情境实际上都不是创伤经历。现在我必须补充一点，正当他觉得自己在和追他的火焰赛跑中取得一些进展时，他发现自己被一个溺水的外国船员抓住并使劲拉拽；为了自我保护，他朝着那个外国人的头上打了一拳，并看到他又沉落到水里。正是这一具体情境构成了他的创伤经历。因为正如调查所显示的那样，这将他对父亲的强烈、长期的仇恨聚焦在"谋杀"行动上，这种仇恨在过去由于焦虑和内疚而被深深压抑着。这一经历对他而言具有弑父的所有情感意义，并激发了他对父亲的仇恨中所潜藏的焦虑和内疚，同时激活了他心中早已经准备好应对弑父事件的各种精神病理性防御。

想要说明创伤经历的特异性，并不总是像上文所引述的病例那样容易。然而，特异性原则一旦建立，这一事实本身就不可能会毫无意义。在许多病例中，重要但并非显而易见的一个问题是：为什么一个导致精神病理性状态的情境会具有创伤性质，即便它是一种反复经历过的、可能已获得了累积效应的情境？许多被证明具有创伤性的经历其本身似乎是微不足道的。调查显示出创伤经历的范围非常广泛：被炸弹炸、被困在被鱼雷击中的船舱里、目睹难民被屠杀、为了自卫不得不杀死敌军哨兵、在困境中对军官感到失望、被另一位士兵指控为同性恋、请事假回家照顾分娩的妻子被拒绝，甚至是被军官厉声呵斥——这些事例几乎都是我从所知的病例中随机挑选出来的。当我们考虑到这一系列事件的广泛性时，很可能会想到一个问题：在很多病例中，引发战争神经症的创伤经历有没有可能不是由服兵役本身所构成的？

婴儿依赖因素

依据对士兵心理治疗过程中所收集到的资料，我渐渐发现成年人的所有精神病理化过程最终都是建立在一个基础之上，即作为童年期，尤其是婴儿期特征的情感依赖扩大并持续到之后的人生阶段。[①]我们无须强调童年期特有的全面依赖，这是一个生物学事实，与人类婴儿出生时的极端无助相联系，并嵌入人类社会的特殊结构之中，为基本的社会结构（家庭）提供了逻辑依据。家庭构成了最初的社会群体，根据这一事实，孩子的依赖本质上是集中在其父母身上的。对父母的依赖不仅是为了满足生理需要，也是为了满足心理需要。因此，孩子像寻求生理支持一样寻找着精神支持，并在很大程度上以此来规范自身的行为，控制自己的欲望。孩子的情感生活围绕其父母展开，因为父母不仅是孩子最早的爱的客体，也是最早的恨的客体以及与其早期的恐惧和焦虑相关联的客体。在正常的成长过程中，个体对父母或代表他父母角色的人的依赖在整个童年期和青春期不断减少直到个体发展到相对成熟独立的状态。情感解放的过程并不是一帆风顺的，因为即便在理想情况下也总会出现一定的冲突——一方面，由于婴儿依赖状态带来的诸多限制，人们有放弃这种依赖状态的进步冲动；另一方面，由于婴儿依赖状态带来的诸多好处，人们有坚持这种依赖状态

---

① 这一结论的思考依据可参见《一种修正的精神病和精神神经症的精神病理学》一文。

的退行性冲动。当遇到不利条件时，这种冲突就会被夸大，伴随着明显的焦虑，并引起夸张的反应。无论这种性质的强烈冲突会引起怎样的调整和妥协，其最突出的结果都是婴儿依赖的态度在情感领域中永存——婴儿依赖态度依然存在于心灵深处，即使在表面上被一种准独立的态度所过度补偿，其代表的也只不过是否认存在于深层的依赖。我开始认为婴儿依赖态度的这种过度坚持性才是引发日后所有精神病理化的最终因素。根据这一观点，我们可以将所有的精神神经症和精神病症状的本质解释为与持续存在的婴儿依赖状态相伴随的冲突的影响，抑或对这种冲突的防御。

1939年战争爆发时，我已经产生了类似于上述观点的想法，而当我快要得出我的结论的时候，我承担了研究军队中大量的"精神神经症"病例的工作。因此，我在适当的时候获得一个独特的契机，来检验我的新观点的正确性。我的观点的形成最初是基于对生活在正常环境中的少数患者的深入研究，但现在，我可以通过对大量患者的更全面的调查来验证这些观点。这些患者突然离开了正常环境，离开了他们所爱的客体，离开了一个依赖性个体通常所依赖的一切熟悉的支撑和支持。这对我来说几乎像在一个受控条件下的实验室中检验我的结论。实验的结果以最惊人的方式证实了我的结论。也许用一个病例的描述来说明这一点是最方便的，在该病例中，依赖表现得非常夸张，让人无法怀疑其病因学意义。

病例二：炮手A. M.，24岁，结婚18个月

这名士兵在入伍前经营一家小型私人企业，由于业务原因，他的征召令被推迟了三个月。在延迟期结束到部队报到时，他坚持要妻子陪同他前往离家约400公里的军营，还坚持要她留在军队驻扎的那个小镇上——直到六个星期以后，环境使她不得不回家。妻子即将离去这个事令他感到惊恐，于是他申请周末休假，以便陪伴她回家。他成功申请到了假期，因此能够把分离的日期再推迟几天。在他休假期间，他从未离开过家。当休假结束时，他忍痛离开了妻子。在回到军营服役后，他非常努力地与妻子保持电话联系，除非情况不允许，否则每天都给她打长途电话。有趣的是，他对妻子的思念使他不能集中注意力给她写信。因为无法集中注意力，他也是唯一一个在重炮课程结束时没有通过规定测试的人。由于这次失败，再加上他对枪声表现出恐惧，他被分配负责日常的电话接听任务。他整天满脑子想着妻子，想着他与妻子之间的距离；由于一直受到类似思绪的压迫，他在夜里很难入睡。他有着极强的自我意识，感觉自己"不同于"其他人；他还认为自己的同伴都不欢迎他；他在军队中没交什么朋友，除了一个比他年长15岁的老兵。从入伍那天起，他就感到"压抑"，而且因为没有妻子的陪伴而觉得非常"孤独"。在他看来，任何事情都在跟他作对。他觉得自己坚持活着只是为了希望再见到妻子——为了解释这一事实，他主动说，"对我而言，她就像是一个母亲""她是我的全部"。

这位士兵在入伍三个月内有过一次入院治疗，因为他在入院前的十天里连续两天昏厥发作。第一次昏厥时，他正坐在总机室的狭小空间里。据了解，自从他15岁那年在街上看到一位妇女晕倒开始，他的这种病症已经持续了九年之久。那个场景使他陷入了严重的焦虑状态，直到有一天晚上他第一次昏厥。在之后的那些日子里，这种焦虑一直持续着。在长达几个月的时间里，类似的情况频繁出现，因此他离开了学校，也不被准许独处。当他的病情得到充分改善、他能够继续上学时，他很害怕独自去学校并总是需要人陪。在16岁那年离开学校之后，他依旧害怕单独外出，担心自己离家后随时有可能昏厥。当他鼓起勇气单独出门时，他采用了一种权宜之计，就是骑自行车出行，以便于在感觉自己快要昏厥时最快地回到家里。因此，自行车对他来说十分重要，是与家联系在一起的；它就像一根脐带，连接着他和溺爱他的外祖母。在他3岁时，他的亲生母亲去世了，外祖母承担着母亲的一切职责。

他非常依赖外祖母。作为独子，在母亲去世后，他曾同外祖父母一起生活；他很少见到父亲，对父亲表现出一种不自然的、几乎完全没有感情的态度。第一次晕厥发作后，他就"睡在"外祖父母中间；几个月后外祖父去世了，他仍与外祖母住在同一个房间里，直到18岁那年外祖母去世。随着外祖母健康状况的恶化，他开始意识到未来有可能会失去她，因此用越来越多的时间陪伴外祖母，尽管外祖母从未希望他这样做。即将到来的丧亲之痛并没有减少他对外祖母的依赖，却让他越来越担心自己会陷入孤独寂寞的境地。他没有交过男性朋友，也从来没有交过女朋友。因此，当命运将无情地剥夺他一直以来完全依赖的那个人时，他觉得自己面临着一种可怕的前景——发现自己在这个世界上是完全孤独的。然而，他对这一前景的焦虑在自行车的帮助下大大减轻了——他过去一直靠骑自行车来减轻分离焦虑。有一天，他因事外出后骑着自行车匆匆返回外祖母身边，路上很"幸运"地撞到了一位过马路的年轻女子。事实证明，他对自行车的信任远远超过了对它作为脐带的信任。它为他提供了另一个依恋点——他可以依靠另一个女人了，因为这个被他撞到的女子最终成了他的妻子。他很谨慎，没有把自己的恋情告诉外祖母，也没有打扰她最后的安宁。他对外祖母的关怀没有改变，但是，为了自己将来的安全，他的确经常同这个女子秘密约会。当他们一起出去时，他说服她到他家门口来接他，并经常让她送他回家。她渐渐成了他唯一信任的人，也使他对自己有了信心。然而，当外祖母去世时，他从与女子的情谊中获得的安全感并没有阻止他陷入因外祖母去世而带来的深深悲哀之中。他与女子的友谊无疑减轻了他的悲哀——正是对她的依恋给他带来了继续生活下去的希望。然而，他的经济状况太不稳定了，所以没办法娶这个女子，这一现实对他来说是一个持久的焦虑源。他拒绝了父亲让他回家住的提议，而搬去跟一个姨妈同住。他时刻期待着能发生一些事情促使他结婚。与此同时，他总是"精神恍惚地等待着那个女子"。上帝再一次眷顾了他，因为除了继承外祖母留下的一些遗产外，他通过足球博彩也赢了不少赌注。于是，他买下了一家小型"绅士旅行用品店"，有了结婚的实力。但是，婚姻并不能完全解决他的问题。实际上，他在婚后对抵御分离焦虑的需求非但没有得到满足，反而越来越迫切了。一个人经营这个店铺为他带来了特殊的困扰——他发现自己无法忍受独自待在店里，而妻子需要做家务，不可能总是在营业时间陪在他身边。他试着雇了一个男孩当伙计，但这种妥协方案并不成功，因为事实证明这个男孩不能代表他的妻子。然后，他尝试通过在店里和家里安装电话来维持通过"自行车脐带"建立的与妻子之间的联系，这种联系是即时的，但又有些缥缈。最终，他又一次得到了命运之神的眷顾，在店铺的楼上租到了一间公寓，终于实现了让妻子经常陪在他身边的心愿。然而，命运总是变化无常，当他实现了自己的心愿之后，入伍征召通知无情地准时送达了。这让他之前所有满足自己的依赖需要和保护自己免于分离焦虑之苦的努力都化为乌有了。尽管他应征入伍后在符合服兵役条件的前提下拼命尝试与妻子保持最密切的联系，但是这一尝试并未能满足他的情感需求——我们可以从他迅速发展的致残性症状中判断出这一点。这些症状的出现又使他实现了离开这些症状就无法实现的目标，即免于服兵役和回到妻子身边。对他来说，妻子已经从外祖母那里承袭了母亲角色的一切功能，成为他婴儿依赖的对象。

上述病例似乎代表了一种极度的依赖，我们应将其视为特例，而非潜藏在战争神经症之下的典型内心情境。我们能够在更为广泛的病例中发现，从童年期延续下来的婴儿依赖显然与战争神经症有关。一旦我们认识到这样一种关系的存在，只要进行足够彻底的调查并追寻到足够深层的心理水平，就可以在每个病例中都察觉到这一点。这种关系并非在每个病例中都显而易见，这在一定程度上是由于婴儿依赖的持久性与所有心理特质一样都受制于无限的变化，但更主要是因为依赖状态让个体暴露在了焦虑之中，而不同程度的焦虑激活了许多心理防御，从而掩盖了真实的心态。由此可以得出：（1）造成心理崩溃的压力的大小是因人而异的；（2）战争神经症的发病率不仅取决于个体身上持续存在的婴儿依赖的程度，还取决于他建立起来的用于控制自身紊乱性的心理防御的性质和强度。在大多数情况下，只有当这些防御耗竭时，潜在的依赖关系才会变得明显——它们极少会像病例中那样不稳定。对于战争神经症的发展与潜在的婴儿依赖状态之间关系的理解，在一定程度上因一个事实——很多精神病理症状本身构成了绝望的防御形式以抵御婴儿依赖导致的冲突——而变得晦涩。这似乎尤其适用于恐惧症、癔症、偏执狂和强迫症症状；许多其他种类的症状在本质上也必须被视为婴儿依赖态度的产物，而非对其影响的防御。本质上，抑郁状态和精神分裂状态似乎也可归于这一类；分离焦虑无疑是这一类中最明显、最重要的症状。分离焦虑不仅总是存在于战争神经症之中，而且是唯一普遍存在的单独症状。因此，我们必须将这种症状视为一切形式的战争神经症的最大共同特征。

分离焦虑

分离焦虑是战争神经症的一个普遍特征，这很难逃过人们的观察。关于战争神经症的文献中确实有许多不仅涉及这种现象，还涉及神经症士兵中出现的过度依赖。然而，据我所知，这些现象（分离焦虑和过度依赖）的普遍性和真正意义从来没有被正确理解过；即便是那些没有忘却它们存在的人，也没有充分认识它们。对于它们，最常见的解释大致是，像很多身体有残疾的士兵一样，患有神经症的士兵想要回家是因为他病了。无论如何，我们都应该记住，任何疾病的影响都是产生一种无助状态，这种状态容易唤起婴儿依赖的态度。然而，就患有神经症的士兵来说，真相似乎并不是他因为生病了才渴望回家，而是他因为渴望回家才生病了。因此，我们很难找出战争神经症与人们描述的"想家"的神经症状态之间的本质区别。[1]的确，鉴于分离焦虑在第二个士兵的症状中的突出表现以及他不惜一切代价要回家的强迫性冲动，"想家"一词非常适合他。

对分离焦虑的另一个常见的、误导性的解释是，相较于对危险情境的焦虑，分离焦虑是次要的，因此它是一种所谓的"自我保护"倾向的副产品。这种观点似乎忽略了患有神经症的士兵中普遍存在的自杀想法和自杀

---

[1] 我在从事战争神经症的研究后不久，想到了我年轻时在斯特拉斯堡大学接触过的一位想家的威尔士学生。回想起来，我不禁深有感触，这个学生的表现与那个饱受战争神经症之苦的士兵所呈现出的典型画面在本质上是相同的。

冲动——这一事实很难用自我保护原则来解释；这种观点似乎还忽略了那些在危险较少的军事条件下频繁发生的精神崩溃，如驻扎在设得兰群岛的骑兵——这里的军旅生活的主要特征是与世隔离，而不是危险。有人可能会说，即使不是出于本意，受伤的士兵与患有神经症的士兵一样会更多地利用他的"失能"来逃离战场的危险。在遇到敌人时，希望返回"英国本土"（1914—1918年战争期间的术语）是许多优秀士兵的有意识的想法。当然，否认自我保护动机的强度或个人危险在引发焦虑中的影响是徒劳的。为什么有些士兵在即将面临危险时会逃跑？对于这一问题的解释似乎是，个体承受危险的能力根据超越婴儿依赖阶段的不同发展程度而有所不同。这个解释也符合一个众所周知的事实，即相较于成年人，儿童更容易焦虑。

在军队中，根据士兵对服兵役的态度，我们可将他们归为三类：（1）喜欢服役的人，（2）不喜欢服役但能坚持下去的人，（3）不喜欢服役又不能坚持下去的人。就当代战争而言，那些"不喜欢服役但能坚持下去"的人似乎代表着普通个体，他们相对成功地度过了婴儿依赖阶段；而那些"不喜欢又不能坚持下去"的人似乎代表着患有神经症的个体，他们相对来说未能迈出情绪发展中的重要一步。至于那群"喜欢服役"的人，其中似乎包含了相当一部分精神病患者，他们把对婴儿依赖的拒绝发展为一门高超的艺术，其对普通人际关系的毫不关心和冷漠植根于特殊的人格结构之中。

虚假独立性

那些"喜欢服役"的士兵对于我们研究战争神经症问题也不是没有任

何意义的，因为"喜欢服役"的结果并不一定能够"坚持服役"。因此，对于精神病医生来说，治疗这类患者是很寻常的经历。在一些病例中，这类患者发展出了精神病问题，这是因为在试图否认婴儿依赖的过程中，他们采取了一种虚假的独立态度，以夸张的形式反对这种依赖，而这种依赖性是加入军事组织所必然涉及的。在其他病例中，发展成精神病问题是因为他们不能阻止深深潜藏的婴儿依赖状态在军队环境中再次显现出来，这种状态被其表面的虚假独立所掩盖。因此，他们要么表现出不受纪律约束的越轨行为，要么发展出像那些"不喜欢服役又不能坚持下去"的个体那样的症状。在这些病例中，上述两种情况通常会一起出现。事实上，在下面的病例中，纪律问题就不是在服役期间出现的，因为此前他就有过被警察传讯的案底。我们还可以再进一步推测，在纪律处分变得不可避免之前，如果先前存在的几乎可以被描述为一种无意识的无纪律表现的症状没有及时发生而导致局势恶化的话，那么很快就会出现纪律问题。

病例三：司机J. T.，25岁，单身

这名士兵自小就有夜间遗尿问题。他的父亲曾是一名水手。在入伍之前的六年中，这名士兵在海上总共度过了三年。在航海生活中，遗尿症几乎不会影响他的工作，这既是因为四小时值班的制度使他经常被吵醒，也是因为商船海员的习惯是要么漠视同伴的怪癖，要么将此当作笑话，以确保他"从未让人觉得讨厌"。尽管拥有这些有利的环境，他却始终无法让自己安顿下来，过上永久的航海生活；他习惯于在航行的间歇在岸上从事各种工作。1939年战争爆发时，他正在驾驶一辆公共汽车；而在开战的前一天，他已经加入了预备队，正式被征召去当司机。1939年9月，他被送往法国。在服役早期，他完全不受遗尿"事件"的影响,悠然自得且非常满意。他的外祖父曾是一名正规军,"认为战争发生时就要从军"。因此,他曾"真诚地"自愿参军。在法国服役时,他感到非常满意——法国一直是特别吸引他的国家,这主要是因为他的父亲和一个叔叔特别喜欢法国,在他孩提时总会谈起它。1940年春天,在德国发动进攻之后,他仍保持乐观,在他撤退到敦刻尔克时,他感受到"井然有序"。然而,在从敦刻尔克前往多佛的途中,他开始体验到"一种与敦刻尔克撤退时截然不同的流离失所的感觉"。他发现"看到水手去迎接士兵"远比"军事行动"更让人印象深刻,大海的古老呼唤再次强烈地表现出来。这一事实与最终导致他的夜间遗尿症明显加重。这种情况使他在与其他人同住一个房间时感到非常尴尬;在与负责他房间的士官发生一场激烈争吵之后,他主动告称自己生病了,以免被士官报告他尿床了。同时,自法国回来之后,他无疑变得非常"思念大海"了,并饱受"颠沛流离和一般性抑郁"折磨。这种症状变得愈发严重,最后使他不得不住院接受治疗。住院期间,他在医务人员面前非常拘谨且沉默寡言,但偶尔也会在一定程度上克服这种沉默寡言。他承认自己确实倾向于认为别人是有敌意的;他心怀怨恨,常常感到自己是社会的公敌,有时还会感受到一种强大的犯罪诱惑。在一次少有的坦露中,他还透露了一个小心守护的秘密——他在13岁时以第一人称写了一个故事,是关于一个与自己同龄的男孩的故事,这个男孩失去双亲后去当了水手。在公开了这一秘密之后,他立刻主动表示"这是一个残忍的主意"(指的是他把小男孩描写成了失去双亲),并承认他自己在童年时曾希望父母死去。

作为独生子,他的早年生活是极其不愉快的,被巨大的不安全感所笼罩。他的父亲酗酒，母亲有点儿神经质，父母两人时常发生争吵。4岁时，他看到父亲把母亲击倒，导致母亲的头撞到壁炉上；他回忆起后来发生过很多类似的事件——似乎紧随这些事件之后，他开始频繁出现夜间遗尿。警察常被请来处理家庭纠纷，因为父亲的暴虐，母亲经常在三更半夜带着他离家去旅馆过夜。他们一家人从不会在一个地方久住；而无论他们搬去哪里，都会跟邻居发生争吵。最后，他的父亲离家出走，再也没有回来过。在他第一次航行的返程途中，他得知父亲在一场车祸中丧生了。体验到海上生活的滋味后，他再也不会"幻想"待在家里了。尽管如此，在两次航行之间，他还是时不时地有一种强烈的冲动，想去和母亲住在一起。在他刚回家时，他总是非常高兴能看到母亲；但几天之后，他们总会让彼此心烦意乱，结果他只能在家待两个星期。此外，很坦率地说，他经常希望母亲去世。

这个案例很有参考价值，它说明被深刻压抑的婴儿依赖态度会持续存在，并被掩盖在表面的过度独立或虚假独立态度之下。在他的童年早期——在这一阶段，孩子般的依赖不仅是很自然的，而且是令人满意的发展所必需的——他所处的环境使他无法自信地依赖父母中的任何一方。即使是在自己的家里，他也没有居住的保障，因为他们总是从一所房子搬到另一所房子。由于父亲的醉酒和母亲的焦虑，他不知道自己什么时候能上床睡觉，也不知道早上会在哪里醒来。他是在极度缺乏安全感的环境中成长起来的。他应对这种情境的方法最终变成了一种将软弱转化为"勇敢"的尝试，而其代价是发展出一种病理性人格。他利用自己的不安全感和无法安全依赖的弱点，放弃了一切亲密的社会接触，以及除较为疏远的群体联系之外的一切联系。这就导致他从不交朋友，无法接受其他任何纪律，除非是商船上普遍存在的纪律——原则是"只要做好本职工作，就没有人去干扰你"。与此同时，他通过发展出一种持续的"流浪癖"（wanderlust）和一种无法长期维持雇佣关系的状态，来这强化自己的不安全感。通过采用一种偏执态度，他还试图保护自己免受不安全感带来的风险——在他看来，任何形式的依赖都会带来不安全感。尽管他在过度独立性（虚假独立性）的基础上采取一切措施来确保自己的安全，但我们从他的行为中仍然能够察觉到潜在的婴儿依赖状态。就像他在青春期之初写下的那个故事那样，对父母的仇恨以及想要离开他们去追求独立的愿望激励着他去远航，但他从未摆脱想要回到母亲身边的冲动。他的实际情况变得十分复杂，对他来说，大海代表了母亲，也就是他童年期一直依赖的人；但是，他发现不可能从她那里获得安全的依赖——正是由于这个原因，在跟大海分离了一段时间之后，他出现了"对大海的思念"；但同时他又发现自己不可能永远安于航海生活。在心灵深处，他就像一个被两个母亲来回抛掷的孩子一样，无法信任其中任何一个，但也不能缺少任何一个。这一病理性人格的案例说明，婴儿依赖的深层态度在多大程度上可以被看作表面的虚假独立态度的基础；表面的虚假独立态度表现出一种极其夸张的方式，而它只是对潜在的婴儿依赖的一种防御。

回家的强迫性冲动

也许我们最好根据想要回家的强迫性冲动来判断婴儿依赖在战争神经症的病因学中的重要性，以及分离焦虑在症状学中的重要性。这种强迫性冲动在所有病例中都很明显，即便是刚才引述的表现出虚假独立性的精神病患者的病例也不例外。那些一般症状表现为精神神经症形式的病例尽管也体验到了这种强迫性的冲动，但这种冲动不会迫切到引起明显的行为障碍。然而，对于那些表现为精神病症状的病例而言，情形则有所不同。在这类病例中常见的是，强迫性冲动要么体现在开小差中，要么体现在蓄意逃避中——从纪律角度来看，这构成了擅离职守。当个体的责任感足够强烈时，他会试图自杀。下面这个士官的病例就典型地说明了这种想要回家的强迫性冲动；在他的身上，分离焦虑表现出了精神病的症状。

病例四：下士J. F., 26岁，已婚

这名士官入院时正处于抑郁状态之中，同时有一些焦躁不安以及恐惧症和强迫症的症状（例如害怕封闭的空间、强迫性地想要回去确定他是否掐灭了烟头）。从外表看，他非常紧张和焦虑，总是体验到分离带来的焦虑感。白天，他的注意力总是被有关妻子和回家的想法所占据；晚上，他经常梦见回家。

他第一次开始"感觉不适"是在1938年9月，当时他正在印度服役。他于1932年应征入伍，然后于1934年离开家乡前往印度，那时他结婚才几周。由于他还未达到上级批准的结婚年龄，所以妻子不能陪同，这种分离让他感到痛苦。在印度服役期间，有一个想法一直鼓舞着他，那就是服役期一满，他就会获得自由，与妻子一起安居在自己的家里。他"在军队里过得尚可"正是因为他知道"必须"这样做，但实际上他的心一直都留在家里。他在孤独的服役期间找到了巨大的慰藉，他经常觉得自己在为居家生活的黄金岁月制订计划。他带着与日俱增的期待盼望着服役期满的那一天，尤其是当他得知妻子生了孩子之后；随着服役期限变短，他越来越期待复员。然而，就在即将实现希望的节点上,由于1938年9月的一场危机,他将要乘坐的复员返回英国的运兵船航班突然被取消了。这导致他的复员时间被推迟了,他精心设想的计划也被打乱了。于是,他第一次出现了明显的症状:他觉得脚下的地面塌陷了,并立刻陷入极度绝望的状态中。他主动解释说:"与妻子的分离压得我透不过气来。"按照这一说法,他体验到了强烈的分离焦虑,并出现了一些其他症状(如头痛、食欲不振和自杀冲动),这些症状清楚地表明他遭遇了急性抑郁发作。当危机解除、战争阴云消散之后,遮挡了他的复员希望的阴影开始消散,他的抑郁症状也逐渐减轻了。1939年4月,当他终于复员(实际上是转为预备役)时,他看上去进入了轻度躁狂的状态中。在他与妻子团聚并在居住的镇子上的邮局中获得了一份工作之后,他感觉到了"称心如意"和"非常难得"。事实上,这种新的幸福是短暂的,因为作为预备役军人,在家待了没几周,他就收到了战争办公室传来的指令,通知他被征调并需要于1939年6月15日前往兵站报到。在收到指令之后,他立刻就心事重重地考虑迫在眉睫的分离;他又出现了分离焦虑,并伴有食欲不振和严重头痛。不过他已经得到保证,服役时间只需两个月,所以他心甘情愿地接受指令并及时去了兵站报到。他被允许每个周末回家(顺便一提,他每天必须给妻子写两封信),这进一步减轻了他的焦虑。1939年8月26日服役期满,他大大地松了一口气。然而,这一次的放松比之前还要短暂,因为战争即将爆发。1939年8月27日,他通过广播得知,他作为一个预备役军人被要求到他所在的兵站报到,不得拖延。第二天,他计划按时出发,但正当他要离开家时,他晕倒在门厅里。在他返回兵站后,他立刻被调到基地担任指导员。虽然这最大限度地降低了他被派往国外的可能性,但是并没有防止他再度出现强烈的分离焦虑。与此同时，他充分利用了每一次短休机会。1939年12月，他被准许回家看望临盆的妻子。由于妻子难产，他多获批了两天的事假。尽管这样，他还是逾期未归，这是他军事生涯中第一次因为分离焦虑而违反纪律。鉴于他一直以来的良好记录，他所犯的错误得到了宽恕。但接下来，他的症状影响了他的做事效率——尤其是因为他无法集中注意力。他在指导一个小队的过程中经常会忘记自己在说什么。时刻困扰他的一件事情就是他需要妻子；而其他事情对他而言都无关紧要。他的整个态度可以归结为一句话："我只想陪在妻子身边，无论有没有战争。"1940年3月，他收到妻子的一封信，信上说他们的孩子因为疝气即将做手术。他被准许了事假，能在孩子手术期间回家。但当他回家后，手术碰巧推迟了。由于无法延长事假，他只好动身去了兵站。但他太牵挂家里，因而半路上折返，又回到了家里，直到手术安全完成才又动身去了兵站；但他又半途折返了。这一次，他下火车后并没有直接返回家中，而是先去药店买了一瓶消毒液，然后回到车站喝下了这瓶药水。事实表明，他的责任感与强迫性回家的冲动之间的冲突给他造成了巨大的困扰，对他来说，自杀似乎是唯一可寻求的解决办法。不过自杀的尝试失败了，他没有死，而是被送进了医院。

他的早年生活是不幸的；他保留了很多关于父母争吵的痛苦回忆——尤其是有一次争吵导致他的母亲离家出走了四天。她的离开令他非常孤独；他绝望地等待母亲回到家里，并感到"生活的光芒已经被带走了"。他十分重视母亲并且非常依赖她，常和母亲聊天，而且一聊就是几个小时。在他16岁时，母亲去世了，得知这个噩耗时，他震惊得有20分钟说不出话来。之后的七天，他没去工作，当时他正受雇于一家肉店——他总会想象自己躺在店里的圆形电锯下面。母亲去世后,父亲拆散了这个家,他只能去跟一位姑妈同住。他在姑妈家过得并不好,他非常思念母亲,也非常悲伤。正是在这种痛苦的影响下,他一时冲动参了军。

情感认同

"回家冲动"在病例四中达到了如此夸张的程度,它是伴随分离焦虑而来的一种典型特征;它可能会仅仅以一种永不满足的渴望的形式出现,但这绝不会剥夺它的典型特点。这种与分离焦虑相联系的强迫性冲动的存在是具有特殊意义的,因为它将我们的注意力引向了构成这种状态的独特心理特征的心理过程上。这个过程便是认同——个体由于不能将自己与其所依赖的人区分开来,所以会在情感上不由自主地将自己认同为他们的一个过程。认同与婴儿依赖之间的关系十分紧密,从心理学的角度来说,它们可以被视为同一种现象。如果我们设想一下孩子出生之前的心理状态,就会发现其典型的特征是一定程度的原始认同,这种认同是如此绝对,致使他不会出现任何从母体中分化出来的想法,母体构成了他的整个环境,也是他体验到的整个世界。因此,童年期的情感关系所特有的认同过程似乎意味着出生之前早已存在的情感态度持续存在于子宫之外的生活中。就认同对行为的影响而言,它似乎也意味着试图在情感上重建一种安全的初始状态——这种状态被出生的经历突然打断了。

我们稍加想象就可认识到,出生的经历对孩子来说必定是一个深刻的创伤。孩子在子宫中习惯了极度幸福的绝对认同状态。我们有足够的理由相信,出生不仅是一种极其不愉快的、痛苦的经历,也是一种充满了严重焦虑的经历。我们还可以进一步推测，出生为孩子提供了初次体验焦虑的机会，并代表着孩子第一次经历与母亲的分离，因此出生焦虑必然会被视为孩子后来体验到的所有分离焦虑的原型。既然如此，分离焦虑始终将会保留着出生创伤的烙印——分离焦虑最初是由这种创伤引发出来的，而出生之后的任何引发分离焦虑的经验在一定程度上都具有最初的出生创伤的情感意义。当然，这不意味着关于出生创伤的任何有意识的记忆都会被保留下来；但我们从许多精神病理学现象中可以推断出，这一经历在深层心理水平上永久存在，并能够在一定条件下被再次激活。一个常见的噩梦可以作为这种现象的例子：梦者正在一条地下通道中前行，道路变得狭窄，致使梦者感到无法移动，并最终在极度的焦虑状态中醒了过来。更常见的从高处坠落的噩梦也具有类似的意义——就我的经验来说，这种梦在患有战争神经症的士兵所做的噩梦中可能是最常见的。这些思考让我们从新的角度看待导致战争神经症的创伤经历。现在，我们可以发现，这样的创伤经历不仅与出生创伤具有同样的作用，而且激活了被掩埋在心灵深处的出生创伤。我们还可以更深刻地理解这种创伤经历为什么会引起典型的急性分离焦虑状态。

处于婴儿依赖状态的个体倾向于将认同作为自己与所依赖对象的情感关系的基础；而分离焦虑是这一倾向的典型产物。当然，依赖者最初认同的对象是他的母亲，接着，他很快又开始认同其他人，尤其是父亲，但原始认同会与之后建立的所有其他认同一并存在。我们可以从那些相对来说已经摆脱了婴儿依赖状态的个体身上，以及从受伤的士兵在巨大痛苦中哭喊母亲的频率来判断这种原始认同在多大程度上仍然存在。然而，个体在情感上越成熟，其情感关系中所具有的认同的特点就越少。在儿童早期必要的依赖阶段中，认同会居于主导，这是自然且不可避免的；然而当情感得到充分且令人满意的发展时，在整个童年期和青春期，这种认同会逐渐减少，直到情感达到相对独立的成熟状态。与认同的不断减少相伴随的是个体在情感上分化自己与重要他人能力的不断提高。与此同时，他最初认同的那个人物（父母或父母的替代者）的重要性逐渐降低。因此，情感成熟的特点是不仅能够在相互独立的基础上维持与其他个体的关系，还能够缔结新的关系。就尚未摆脱婴儿依赖阶段的个体来说，这两种能力都是欠缺的；他在彼此独立的基础上维持与他人的关系的能力仍是不足的，建立新关系的能力也是如此。他最善于维持的关系是最接近于他与母亲之间的早期关系模式的那种；而他唯一能够稳定地建立的关系是那种通过移情过程为他承担了其原有关系的全部或大部分意义的关系。战争神经症患者的状况就是如此。他保持着对家及所爱的人的过度的幼稚依赖，过于认同他们以至于无法忍受任何程度上的与他们的分离。对他来说，就像在童年时一样，他们不仅构成了他的情感世界，甚至在某种意义上构成了他自己；他常常觉得自己是他们的一部分，而他们也是自己的一部分。当他们不在身边时，他的人格往往会受损——在极端情况下，他的同一感甚至也会受到损害。既然如此，我们也就不难理解为什么强迫性的回家冲动会是战争神经症普遍且典型的特征了——其普遍性和典型性绝不亚于分离焦虑症状。对这种强迫性冲动的解释就在于认同过程——正如我们发现的那样，认同会在那些没有充分摆脱婴儿依赖状态的个体身上发挥作用。不同于情感成熟的士兵，这样的个体在身处军事组织中时，会发现有些事是非常困难的，如在军事组织框架中把自己塑造为一个独立的人、服从军事组织的目标而又不放弃独立性、在与群体保持稳定的情感纽带的同时与之保持着分化。不仅如此，这样的个体通常还会发现很难在认同的基础上与军队建立或维持可靠的关系。当然，这是因为他对家庭及所爱的人的认同不会轻易允许竞争者的存在，而战争神经症的发展首先要归因于这种认同的力量。

事实上，有相当一部分士兵能够在认同的基础上成功地与军队建立关系；然而，他们会发现这种关系是很难维持的，尤其是在面对挫折或压力的时候。由于挫折和压力对士兵来说是家常便饭，所以能够维持这种关系的士兵无疑是非常少的。这群士兵的一个重要特征是他们倾向于对军队建立一种强烈的认同感——他们当兵实际上具有一种被迫性，被迫当兵后若对军队不能建立认同感，那么依赖性个体便渴望回家。这些士兵容易给人热情十足的印象，但他们绝不会因此就成为可靠的士兵。他们通常充满了强烈的战斗欲望，迫不及待地渴望上前线，无法容忍持久的日常训练，因日常事务而火冒三丈，并且很快就会因"军事当局会给予相应的提拔来奖励他们的贡献"这个设想的失败而苦恼起来。奇怪的是，这些热情十足的士兵尤其容易出现严重的分离焦虑状态。他们的创伤性"分离"是源于他们所体验到的军事组织的明显拒绝，因为他们的热忱似乎得不到军事组织的认可。

士气因素

我们现在已经明确了对于依赖性个体而言，认同是其情感生活的典型特征。认同不仅是战争神经症形成中潜在的基本机制，还是一个严重限制潜在的战争神经症患者社会适应能力的机制。认同过程被证实会折损士兵的社会关系，也促使了精神病理化。迄今为止，在医学研究文献中，几乎没有对战争神经症问题的关注。在1914—1918年战争期间，"弹震症"（shell-shock）被"战争神经症"所取代，这无疑是科学上的明显进步；因为术语的改变表明人们认识到这些术语所适用的状态在本质上是心理学问题，而非神经病学问题。尽管取得了这种进步，但将每个病例都视为"个别的"这一倾向，在很大程度上延续到了新的心理学研究中，而这一倾向正是神经病学研究的一个必不可少的特征。的确，1914—1918年战争期间，涌现出了许多心理治疗师，他们都将战争神经症视为士兵的自我保护本能与军人责任意识之间冲突的产物——战争神经症患者的症状被理解为是完全无意识的，但其动机是想要找到一种逃离危险地带的途径，让自己不会因为故意玩忽职守而体验到内疚感。无论如何，这种观点有它的优点，即认识到社会责任对战争神经症病因的影响。但现在看来，这种对战争神经症症状的解释是肤浅的，也没有尝试真正对战争神经症的发病原因做出解释。这些心理治疗师认为冲突的起源本质上是个体心理学的问题；他们没有考虑到战争神经症患者社会关系的一般特征，也没有考虑到决定这种关系的基本因素。在1914—1918年的战争之后，受弗洛伊德理论的影响，人们开始尝试更深入地了解战争神经症。但总的趋势是，他们更加强调（而非较少强调）战争神经症患者情感冲突的个体性。如果弗洛伊德在其《群体心理学与自我分析》中所阐释的观点得到更多应有的关注，那么情况可能会大有不同。

弗洛伊德在上述著作中提及多个结论，其中一个结论的大概意思是，军队在战场上溃败时会出现恐慌状态，这在本质上是由于维系军队成员的情感纽带的破裂。人们通常认为，当出现"人人为己"的情况时，"团队精神"也就瓦解了。相反，在弗洛伊德看来，当团队精神变得脆弱时，才会出现"人人为己"的状况，进而恐慌才会涌入个体的内心。因此，不是因为组成团队的个体让自己陷入恐慌，团队精神才会瓦解；而是由于团队精神瓦解，士兵们不再是军队的成员，恐慌才会涌上他们的心头。这种情形的基本特征是，军队中每一个原来的成员都被剥夺了昔日的战友和整个军队的支持，沦为孤立无援的个体，无能为力地面对一股联合的强大的敌对势力。面对如此危险的处境，士兵自然会感到恐慌——正如弗洛伊德指出的那样，恐慌不仅是出于自我保护，还因为他对自己现在可能会对昔日的战友和长官产生的攻击冲动感到焦虑。弗洛伊德所讨论的正是集体焦虑。赞同本文论点的读者将不难发现，他所提及的恐慌现象本质上是一种分离焦虑——这种分离焦虑同时影响了所有（或几乎全部）军事组织成员。因此，战场上瓦解的军队中士兵的惊慌失措状态，必须被视为一种在特殊条件下出现在基本"正常"的个体身上的暂时性战争神经症。我们可以认为，这类士兵与那些明显患有战争神经症的士兵之间的区别就在于，"正常"的士兵只有在将群体结合为一个整体的纽带消失时才会出现分离焦虑，而患有神经症的士兵即便在群体纽带保持完好时也可能出现分离焦虑。这或许意味着把患有神经症的士兵与军事团体连接起来的情感纽带过于脆弱和不稳定。简言之，患有神经症的士兵从童年起就保留了过度的婴儿依赖，且至少在深层心理水平上一直高度认同家庭群体中他最初的爱的客体；因此，他不能与军队建立任何稳定的情感关系，或充分融入团队精神之中——对军事组织而言，团队精神是不可或缺的，是构成"士气"的精髓。应该补充一点，就此类士兵而言，因与他们在家庭环境中所依赖对象的分离而发展出的焦虑总是伴随着对攻击冲动的焦虑；也就是说，他逐渐对军队产生了攻击冲动，而这会瓦解士气。

现在，我们能够认识到战争神经症问题和士气问题是不可分割的。正如我们所看到的那样，即使是"正常"的士兵，在士气受损的情况下也可能会患上战争神经症。尽管这种症状是短暂的，但这一事实使我们毫不怀疑这两个问题之间的密切联系。这种现象还显示，在最"正常的"个体身上也会表现出一定程度的婴儿依赖。事实上，情感成熟并不是绝对的，它是一个程度的问题。同样，婴儿的独立也是程度的问题——没有人完全不能独立，但独立的程度因人而异；当然，在与所爱的客体分离的情况下，个体能够承受多大的压力也是因人而异的。根据战场上军队崩溃时所发生的情况，我们有理由进一步得出结论：尽管强烈的婴儿依赖本身有损士气，但群体中高昂的士气明显能够抵消成员身上婴儿依赖的不良作用。与此相一致的是，消息灵通的军方媒体一直强烈认为，战争神经症的发生率在各部队之间是有所不同的，它与部队的士气成反比；即便军队医务人员有不同的鉴定标准，这种观点似乎也经得起统计学的验证。

一直以来，军方态度倾向于将战争神经症理解为懦弱的表现，或指责它纯粹是假装的。就懦弱而言，患有战争神经症的士兵在面对外部危险时，通常（尽管并非总是）表现得像个懦夫；但这丝毫不影响一个事实，即这样的战士的确有丧失行动能力的症状。无论如何，更为重要的是了解他为什么会有如此表现，而非简单地把他当作懦夫，因为把他当作懦夫必定不会使他变成一个能干的士兵。至于装病问题，我自己的经验是，就送到医院的战争神经症病例来说，只有不超过1％的人被认为可能是真正的装病，即没有表现出真正的症状；但这些个体通常也被发现具有典型的病理性人格。然而，从精神病学的角度来看，传统的军方态度绝非与战争神经症完全无关。当然，我们必须坚持认为，患有神经症的士兵确实饱受真正的症状之苦。与此同时，毫无疑问的是，他一如既往地强烈希望（不惜一切代价、不管有没有战争都要离开军队）回到家中。我们一旦见证了患有神经症的士兵在退伍离开医院回家时所涌动的狂热，就不会再怀疑上述事实。①我们虽不能接受任何用懦弱或装病来简单解释战争神经症的说法，

---

① 在1939—1945年战争期间，正是由于这一特殊现象，早期准许患有神经症的士兵从医院直接退役的政策被废除了。

但必须认识到，军方对这些病症的传统态度也有一定的道理。这种态度所体现的真理是：战争神经症的发病率是衡量士气的一条标准。正如我认为的那样，这一真理在有关战争神经症的文献中被严重忽视了。

士气是一种极难评估的特征，对士气进行比较则更为困难。如果有可能的话，将本文写作时（1942年）英国军队中盛行的士气状态与1914—1918年战争时期所盛行的士气状态进行比较，那会是很有趣的。然而，1939年爆发的战争的形势与之前的战争形势有很大的不同，我们似乎不可能建立一个可靠的比较标准。然而，英国军队在战争局势下本质上是一支公民军队，其士气无法与作为整体的国家士气分开考虑。在这一点上，我们应该扪心自问：在两次战争之间，国家的发展使国民士气得到了提升、维持，还是降低？根据1939年战争爆发之前独裁主义者所达成的裁决，我们可以看出"民主的退化"这一口号所体现的对民主士气的评估是他们发动战争的主要诱因之一。

说到"民主的退化"，独裁主义者似乎认为，自1918年停战之后，随着希望的破灭，英国和其他类似体制国家的公益精神在慢慢消失。就英国来说，这种公益精神的缺乏体现在其国际政策方面的无决定性和无能为力上，也体现在个体不愿为了国家的利益做个人牺牲，且相对"市侩"地专注于狭隘的个人利益、局部利益和家庭利益上。1918年以来的这种发展确实表现出国家士气的明显恶化；而我们会发现，这种士气的恶化是与整个社会的婴儿依赖的退行性重现相伴随的。当然，不能否认的是，战争在某种程度上具有使群体精神瞬间复苏的效应，这种复苏在"敦刻尔克撤退"之后变得更加明显。坦率地说，我们必须严肃地扪心自问，我们如今是否已经完全扭转了之前的衰颓形势。我敢说，任何从根本上解决战争神经症问题的尝试，都必须要摆脱过去的逆境，同时要提高士气。

11 战争神经症的本质与意义（1943） / 233

如果很难比较两次世界大战中英国陆军的士气的话，那么必定也不易对各种作战力量的军队之间盛行的士气状态做出比较性的评估。但必须承认的是，在1939年战争爆发前，士气的培养一直是一些极权主义政权的一项主导政策。而且这项政策取得了相当大的成功，明显使民众整体上都愿意为了群体的利益而牺牲个人和家庭的利益——即使是在1939年战争爆发之后，他们还能够做出远超于任何英国民众的牺牲。这就使"大炮换黄油"的口号不再像战前推行绥靖政策期间那样被视为笑话了。

从本文的中心论点来看，极权主义特有的培养士气的技术的意义在于，这种技术的一个基本特征是采取一切可能的措施使个体脱离家庭纽带并断绝对家庭的忠诚。只要这些措施取得了成效，在这样的政权下成长起来的士兵就会在服役时较少体验到分离焦虑。但是，使士兵脱离家族联系的措施绝不可能使他脱离婴儿依赖状态。刻意培养对政府的依赖用以替代对家庭中所爱客体的依赖，这实际上就利用了婴儿依赖。在政治或军事计划取得胜利的情况下，这种技术似乎实现了它的目的，因为成功带来了安全感；但可以预料的是，在政治或军事计划持续失败的情况下，对政府提供安全感的能力的幻灭会让个体最初的婴儿依赖状态复苏，进而导致急性分离焦虑症的暴发，以及士气的崩溃。这就是1918年发生在德国的实际情况。国家的失败似乎是对极权主义士气的最大考验；而国家的成功似乎是对民主士气的最大考验，因为在民主制度下，个体较少依赖于国家，而更多依赖于其家庭中所爱的客体以获得安全感。国家的成功往往会导致对国家问题的过度自满。

我们已经提及，在1914—1918年战争期间，心理治疗师普遍认为战争神经症的意义在于其症状为患病士兵心安理得地逃离战场提供了无意识的实现手段。当我们考虑到许多患上典型战争神经症的士兵从未上过前线，甚至将来也不可能接近战场时，这种观点的局限性马上就显现了出来。实际上，正如我试图说明的那样，我们必须从分离焦虑的症状中寻找战争神经症的真正意义。

患有战争神经症的士兵的目标是回到家中和所爱的人待在一起，而非从战场的危险中逃离。据观察，逃避军事职责的患有神经症的士兵通常不会表现出明显的内疚感。这种内疚感的缺乏并非一成不变——以抑郁和强迫特征为主要临床表现的士兵经常会明确地表现出一种担忧倾向，担心自己会让部队和国家失望。正规军中的高级士官尤其容易出现这种情况，因为他们通常以认真负责著称，而且在长期服役过程中被灌输了高度的纪律意识。即使在这种情况下，人们通常的印象是：当这些人被送到医院时，他们已经放弃了所有真正的努力——表面的顾忌只不过是口头说说而已，他们已经放弃了过去的道德标准。进一步说，即使他们的自责是真诚的，这也只会在战争神经症的前驱阶段引起一种急性反应。在这一阶段，回家的愿望与责任感之间产生了冲突。在这样的病例中，这个阶段通常发生在患者报告生病之前，因为等到这些人报告自己生病时（他们经过长期挣扎之后只能这样做），冲突问题几乎已经被解决了。除此之外，患有神经症的士兵的一个典型表现是不会因疾病导致不能服兵役而明显感到自责。这不仅适用于那些勉强应征入伍的士兵，还适用于那些出于爱国动机而主动参军士兵。

战争神经症显然不仅具有分离焦虑的特点，还具有责任感明显减退的特点，即良心的心理结构的瓦解（超我权威的坍塌）。由此可见，战争神经症的形成包含明显的人格紊乱。这种人格紊乱与隐藏的婴儿依赖的重现这一退行过程密不可分——正如我们所看到的那样，战争神经症最终被归因于婴儿依赖的重现。现实情况就是，战争神经症患者或多或少地退行到了婴儿水平，这相当于良心的心理结构（超我）尚未在稳固的基础上组织起来的一个发展阶段。因此，患有神经症的士兵会在某种程度上退行至儿童的情绪状态和尚未将父母接纳为权威形象的阶段。在这一阶段，儿童不怎么关心自己的行为在父母眼中是好的还是坏的，而更关心他的父母看起来是否爱他——从儿童的角度来看，父母对他来说呈现为好的（"亲切"的）形象还是坏的（"讨厌"的）形象。

当士兵患上战争神经症时，他实际上就退行到了婴儿的情感水平上，不再把上级和整个军队视为权威的父母形象（这种父母形象使其被深深的道德责任感所束缚），而是开始把他们视为不爱他或不体谅他的"坏"父母的形象。与此同时，他把家中父母视为爱他的"好"父母的形象，并认为只要他能回到他们身边，他们就会照顾他（距离通常为这一观点赋予了魅力）。因此，他沉浸在一种想要逃脱不安全的境地并回到安全环境的强烈愿望之中。他在"坏"人的掌控下体验到了不安全感，同时感觉自己被赋予了军人职责；相对地，家里的"好"人似乎为他提供了安全感。这一点可通过住院的神经症患者为证明自己无法"回到"军队而发出的两种常见抱怨得到证实。这两种抱怨是（所有患者的措辞几乎相同）"我忍受不了别人对我大喊大叫"和"我无法吃军队的食物"——在已婚男性病例中，后一种抱怨几乎总是紧接着"但我可以吃妻子给我做的任何东西"。当然，这些抱怨的内在意思是，每一句命令的话都变成了一位愤怒的父亲的叫喊，而厨房做的每顿"油腻的"（总是"油腻的"）饭都证明了一位冷淡的母亲的漠不关心。被监视的感觉，以及梦到被追逐或被大喊大叫（更不用说那些有点不太常见的有关被压碎、被掐死或撞上鬼的噩梦了）等，这些症状出现的频率进一步表明患有神经症的士兵觉得自己受到了邪恶人物的控制。在这种情况下，我们很容易理解为什么战争神经症患者会如此抗拒心理治疗——甚至对任何形式的补救治疗都如此抗拒。我不得不说，也许这些人真正需要的不是心理治疗师，而是传教士。因为我仍然坚信，从国家和军事效率的角度来看，战争神经症带来的问题主要不在于心理治疗而在于士气。

结束语

如果我的结论能被普遍接受，那么势必会引发一些政策问题。我不打算在此处理这些问题，但我不能不提请大家注意其中一个问题——为那些因战争神经症而退役的个体提供养老金的问题。从医学角度来看，毫无疑问的是，这样的个体从根本上必须被视为患者。他忍受着真实的症状之苦，并且只要他的情况是可以接受治疗的，他就应该得到所需的治疗。与此同时，他的社会康复问题显然应得到国家关注；只要他赚取薪金的能力受到了影响，他和家人就需要国家提供一些适当形式的经济援助。然而，从士气的角度来看，为服役人员颁发勋章并发放特殊的津贴这项举措对以战争神经症为代表的特殊残疾形式而言是否合适，这一点是值得考虑的。战争神经症患者的津贴问题太容易受到政治压力的影响，但鉴于战争神经症和士气问题之间的紧密联系，从国家利益出发，我们不仅应抵制这种压力，还应重新审视整个问题。

12 性犯罪者的治疗和康复（1946）

不久前，苏格兰咨询委员会就"犯罪者的治疗和康复"问题向我寻求证据，特别是关于"苏格兰监狱中专门为性犯罪和变态犯罪提供心理治疗设施"的证据。我对此表示理解。

作为一个医学心理学家，我认为"治疗"和"康复"两个术语不尽相同。在医学意义上，"治疗"一词意味着医生能为前来咨询的患者提供治疗性质的技术援助，而患者希望从造成他痛苦的病理条件中获得缓解。心理治疗是一种特殊形式的技术援助，适用于精神病理性起源的状况。这种治疗如果成功的话，很可能会给社会带来更有益的结果，尽管这绝不是必然的情况。在本质上，它是个别患者为了减轻自己的痛苦或获得内心的平静而主动去寻求的东西。

"康复"主要是一个社会学的术语；因为它本质上是指个体受到损害的社会功能的恢复。

1939—1945年战争时期，那些患有精神神经症的服役士兵的病例使我特别执着地相信"治疗"和"康复"之间的区别。很多专注于治疗所谓的"战争神经症"的精神病学家，都曾从平民医生惯常的从业立场探讨服役士兵的治疗问题，他们非常武断地沿用了和平环境下从平民群体中建立起来的标准，并企图把它应用于战争环境下的服役群体。但是，有一点是很明显的，精神病学家治疗服役病例的目的不是治愈那些试图从其个人痛苦中解脱出来的患者，而是使那些不能履行其所属群体的职责要求的水手、士兵和飞行员达到康复标准。我个人认为，战争神经症问题本质上是士气问题，即服役的个体成员与服役群体之间的关系问题。因此，患有神经症的士兵显然在某种程度上已不再是一名军人了——如果他确实曾全心全意地效忠于军队的话。我在医院中偶然遇到的患有神经症的士兵往往会主动说起"我无法回到军队"。这句话的重要性在于，尽管这些士兵从理论上来说仍是军队中的一员，但他们或多或少已完全从军队中脱离出来了。他们是不情愿的士兵，他们的内心深处有这样一种动机，即成为精神神经症患者好过正常参与到军队生活中。与此相一致的是，他们的态度对普通的心理治疗是不利的，因为心理治疗需要一定程度的合作，而那些对心理治疗所要达到的效果只有最低渴望的人则缺乏合作动机。

我很遗憾地说，根据我的经验，类似的思考也适用于一般公民生活中的性犯罪者。我知道，最近在精神病学家中普遍倾向于认为倒错的性取向是"症状"，就如同精神神经症所具有的那些特征一样；但是我不赞同这种观点。这种观点产生于以纯科学标准代替过去的道德标准的当代主流倾向，而在我看来，它根源于错误的精神病理学。

我认为，首先需要了解的是，倒错的性取向不只是一种不幸的赘生物以某种神秘的方式附加在一个偏离正常的人格之上，而且还是整个人格中的一部分。因此，同性恋必定不能被认为仅是自然性欲的异常表达，它还是一个异常人格结构的自然性欲表达。我必须承认，在我看来，精神神经症症状是人格本身展示出的特征，而非人格之上的赘生物。事实上，性倒错与精神神经症之间存在深刻的差异。弗洛伊德在说到神经症是对性倒错的"否定"时，曾简洁地描述了这种差异。我们还要感激弗洛伊德阐释的这一启发性的概念，即精神神经症症状主要是防御性的。弗洛伊德的意思是，这些症状要归因于人格结构成分的影响，它们是为了保护人格的完整，以抵御人格中不被接受的部分。根据这一概念，精神神经症患者是这样一种人，他宁愿忍受痛苦，也不愿自然地表达出与其人格中的那一部分相冲突的倾向——他的人格不仅拒绝接受这些倾向，而且还通过压抑手段和其他防御技巧对其进行控制，并取得了不小的成功。的确，这些压抑手段的实施既可以针对正常的性取向，也可以针对异常的性取向；然而，当一个精神神经症患者表现出异常的性取向时，这一取向就会受到一个强大人格部分所采取的严厉措施的控制。这一人格部分的特点是，它会付出一切努力，绝不让这一违规倾向公开化。性倒错的人则绝不会这样，因为性倒错者会利用他的异常取向，而非压抑它们——结果是，它们不仅变得公开化，而且会在其人格结构中占据主导地位。由此产生的情况，用精神病学术语来说可概括为：性倒错者不是精神神经症患者，而是精神病患者。

当然，世界上不存在不可更改的界限。我们必须认识到，精神神经症患者在某种程度上会表现出性倒错的倾向，但是只要出现这一偶然情况，他的精神神经症的一个主要目标就失败了——他就不再是一个精神神经症患者了。同样，一个性倒错者也可能饱受精神神经症症状的困扰。如果是这样的话，精神神经症开始时，性倒错就会中止。我们有必要保留精神神经症与明显的性倒错之间的理论区分：精神神经症作为一种防御对性倒错实施了抵制；而性倒错则将反常的倾向体现在一个精神病理性人格中。除非认识到这种区分，否则我们很难在处理性犯罪者的"治疗和康复"这一问题时获得富有成效的理解。

为了说明我在"治疗"和"康复"之间所做的对比，我曾指出精神神经症士兵本质上表现为一种"康复"问题，而非像那种在普通民众的精神神经症病例中适用的"治疗"问题。在我看来，性倒错者的问题也是"康复"而非"治疗"。当我表明这一观点时，这种阐释的相关性也就非常明显了。与此同时，我对精神神经症士兵与性倒错者所做的类比，可能会被认为与我刚刚做出的对精神神经症与性倒错者之间的区分是不一致的。但是，由于我的类比是针对个体（不论是精神神经症患者还是性倒错者）与其所处的社会群体的关系，因此并不存在真正的不一致。正如我们所看到的那样，精神神经症士兵勉强接受了他的军队成员身份，但是他基本拒绝在军队这个群体中过正常的军队生活，并且他以不适应军队生活而感到痛苦为由来为这种拒绝做正当性辩护。性倒错者也以相似的方式拒绝在其所处社会中过正常的性生活——就纯粹的性生活而言，他拒绝服从于社会标准。为了证实他们参与社会群体的态度，我们可以观察他们在社会群体中沉迷于特定性倒错团体的程度。当然，这在同性恋者群体中尤其普遍；而这个群体的一个特征是，他们的标准与社会群体的标准之间的差异未必只局限在性的层面。

我已经指出了性倒错者与精神神经症士兵之间的相似性，以说明我极为重视的一个原则，现在我必须提请大家注意二者之间的区别。精神神经症士兵以自我强加的个人痛苦为代价换取离开军队的机会，这种痛苦至少意味着对社会责任的某种承认。与这一事实相符合的是，他的服役记录往往显示，尽管他经常住进医院，但他很少被禁闭在营房中。相反，性倒错者并不会为了放弃与群体的团结而付出承受痛苦这样的代价。他一如既往地将自己的倒错作为一种个人财富，尽管他可能会为权宜之计而掩盖这一事实；但是，如果他触犯了法律的话，那么可能会让他感到痛苦的，与其说是真正的内疚或悔恨，不如说是对失去社会地位和物质利益的恐惧——即使他会感到内疚或悔恨，也总是短暂的。从根本上来说，他蔑视他所触犯的社会标准，并抱怨社会对他的态度；他在社会之中所寻求的不是治疗，而是复原（reinstatement）。一旦被捕或定罪带来的最初打击过去了，这种在没有治疗的情况下恢复原状的愿望就可能成为其态度的最典型特征——尽管他可能会进行口头上的治疗，直到他感到安全为止。

在我看来，只有从上述考虑出发，社会才能更有效地处理那些被定罪为性犯罪或异常犯罪之人的问题。正如已指出的那样，这些犯罪者的人格不适合其目前所接受的"有效"治疗方式，即他们不容易接受个体心理治疗。我自己曾对几个被指控且确实实施了性犯罪的人做过个体治疗。我想我可以说，我的治疗取得了一定的成功。至少据我所知，我所治疗的病例中没有人再度因原来的罪行被指控。然而我觉得，如果我声称已经使这些个体的人格发生了根本性转变的话，那么我只是在自欺欺人。无论如何，他们是一般的性犯罪者中的一个特殊群体；我是在初步调查表明他们是特别适合治疗的个体之后才对他们进行治疗的。与此同时，我认为我有理由宣称，这些病例中的个体治疗的结果要远远好于同期没有接受治疗的关押者的结果。进一步来说，我认为如果在关押条件下实施治疗的话，我们会获得很多不太令人满意的结果。在我看来，当前的监狱生活可能会进一步损害犯罪者已经受损的与社会之间的关系。同样，监狱生活似乎会损害个体心理治疗可能取得的一切良好效果。公认意义上的"监禁"涉及将罪犯的群体生活缩减至现代标准所允许的最低限度；而为了促进罪犯与社会关系的改善采用这种方法似乎很奇怪。

现在，是时候考虑从这些一般的原则中能得出哪些建设性的结论以指导今后有关性犯罪"治疗"和"康复"的政策了。在我看来，有两个一般性的实践结论已经非常清楚地显现出来。

第一，对于性犯罪者来说，个体心理治疗意义上的"治疗"不是最合适的，因为他的人格并不适合这种治疗，而适合"康复"。康复就是在一个他可以参与的、以积极的社会生活为特征的群体中，通过心理控制来培养他的社会关系。普通的监狱生活无法为有效建立这一社会群体提供必要的条件。通常，社区的社会生活同样无法提供这种适合的背景——不仅是出于刑罚性考虑或保护社区的需要，还因为性犯罪者在某些方面与社区的群体生活格格不入，而不能在其中受到有益的影响。因此，为性犯罪者建立特殊的社区似乎是必要的——这些社区有自己的集体生活，而这些性犯罪者可以参与其中，并在心理上受到控制，以便逐渐接近整个社区的生活。这种社区应包含所有种类的犯罪者还是仅包含性犯罪者？各种性犯罪者是否应该被分开来单独安置？男女成员是否应分开安置？诸如此类的问题尚无答案。这些问题只有在仔细的，或者是长期的实验中才能得到解答。在此值得一提的是，这种"居住点"的设计为一般社会学实验提供了绝佳的机会，它还能为科学地研究社会关系及群体性质的决定性因素提供独特的空间。

第二，我们可从1939—1945年对服役人员"战争神经症"的研究中汲取极其宝贵的经验。正如我先前指出的那样，精神神经症士兵基本上被证实是不适于接受个体心理治疗的，因而战争期间通过这一方法取得的治疗结果无疑是让人失望的。然而，随着战争的持续，一些军队医院的精神病学家认识到这一事实，即士气是至关重要的，因此，对于战争神经症病例的研究出现了有趣的发展。这些精神病学家将个体治疗放在次要位置，全力培育和巩固医院内的群体意识。他们并不满足于此，还将主要目标指向了培养患者对群体，特别是军队的归属感，并由此恢复他们对军队这一特殊群体的效忠。同时，一些有着相似见解的受雇于陆军遴选委员会的精神病学家开始尝试采用无领导讨论小组的方法对军官候选人进行遴选。这种方法是把一小群候选人集合在一起并告知他们开始即兴讨论，然后观察每个候选人对彼此和整个情境的反应，并特别着眼于候选人的领导才能和人际关系协调能力。后来，相似的技术也在遣返战俘的康复中心被用于治疗；但在这里，正如预期的那样，工作人员的目的是要群体成员的反应对彼此产生影响，使他们朝着某种社会化的方向发展。现在，英国皇家陆军医疗队的人事复员工作也在进行之中，相关的精神病学家使用群体心理治疗方法在普通民众的精神神经症患者中进行实验——八人左右的小组最为恰当；小组成员被鼓励互相讨论他们遇到的难题。在讨论的过程中，指导医生会在适当的时候解释各个成员对彼此的反应，以及整个群体内部所出现的进步，这些不同的反应和进步本身就会成为讨论的主题。这就导致个体成员不仅要面对自身行为对其他成员的影响，还要面对自身行为对群体的影响。每个成员都能通过群体对他们的反应以及发展出的社会情境的解释在某种程度上认清自己所采取的态度。这样的解释也让他们明白了群体反应的重要性。因此，在实际的社会情境中，社会洞察和社会教育的持续过程得到了鼓励。

当然，我们必须认识到，这些不同的尝试仅仅代表了一个开始，而整个方法还仅处于起步阶段。迄今为止，我们获得的结果看似是令人鼓舞的——至少证实了群体治疗方法在各个领域中进一步开展严格实验的合理性。在我看来，尤其是在涉及性犯罪者时，群体心理治疗方法比个体心理治疗方法更有应用和发展的前景。我还要补充一句，群体心理治疗方法更具有"康复"的性质，而不是通常意义上的"治疗"的性质。

参考文献

BRIERLEY, M.
  'Notes on Metapsychology as a Process Theory', *The International Journal of Psycho-Analysis*, Vol. XXV, Pts. 3 and 4 (1944).
DRIBERG, J. H.
  At Home with the Savage. London: 1932. George Routledge.
FREUD, S.
  Beyond the Pleasure Principle (1920) (Translation). London: 1922. The International Psycho-Analytical Press.
  Civilization and its Discontents (1929) (Translation). London: 1930. Hogarth Press and Institute of Psycho-Analysis.
  'A Neurosis of Demoniacal Possession in the Seventeenth Century' (1923), *Collected Papers*, Vol. IV (Translation). London: 1925. Hogarth Press and Institute of Psycho-Analysis.
  'Mourning and Melancholia' (1917), *Collected Papers*, Vol. IV (Translation). London: 1925. Hogarth Press and Institute of Psycho-Analysis.
  'On the History of the Psycho-Analytic Movement' (1914), *Collected Papers*, Vol. I (Translation). London: 1924. The International Psycho-Analytical Press.
  Group Psychology and the Analysis of the Ego (1921) (Translation). London: 1922. The International Psycho-Analytical Press.
  The Ego and the Id (1923) (Translation). London: 1927. Hogarth Press and Institute of Psycho-Analysis.
  Totem and Taboo (1913) (New Translation). London: 1919. Routledge and Kegan Paul.
JUNG, C. G.
  Collected Papers on Analytical Psychology (1916) (Translation). London: 1917. Baillière, Tindall and Cox.
KRETSCHMER, E.
  Physique and Character (1921) (Translation). London: 1925. Kegan Paul, Trench, Trubner and Co.
MASSERMAN, J. H., and CARMICHAEL, H. T.
  'Diagnosis and Prognosis in Psychiatry', *The Journal of Mental Science*, Vol. LXXXIV, No. 353 (November 1938).
STEPHEN, A.
  'A Note on Ambivalence', *The International Journal of Psycho-Analysis*, Vol. XXVI, Pts. 1 and 2 (1945).